前混合磨料射流高速流场测试及磨料加速机理研究

左伟芹　著

中国矿业大学出版社

·徐州·

内 容 提 要

本书主要建立前混合磨料射流磨料加速的差分模型,研究磨料在高压管道及喷嘴内部加速的全过程,介绍前混合磨料射流高速流场测试方法,并且采用国内外最新的测试方法对磨料射流流场进行测试,最后分析了磨料空间分布规律。

本书可作为从事水射流技术研究人员、油气开采科研人员的参考用书,也可作为高等院校研究生的教学用书,还可供有关工程技术人员参考。

图书在版编目(C I P)数据

前混合磨料射流高速流场测试及磨料加速机理研究/
左伟芹著. —徐州:中国矿业大学出版社,2021.10

ISBN 978 - 7 - 5646 - 5150 - 3

Ⅰ. ①前… Ⅱ. ①左… Ⅲ. ①磨料—射流技术—研究
Ⅳ. ①TG7

中国版本图书馆 CIP 数据核字(2021)第 202489 号

书　　名	前混合磨料射流高速流场测试及磨料加速机理研究
著　　者	左伟芹
责任编辑	陈红梅
出版发行	中国矿业大学出版社有限责任公司
	(江苏省徐州市解放南路　邮编 221008)
营销热线	(0516)83884103　83885105
出版服务	(0516)83995789　83884920
网　　址	http://www.cumt.com　E-mail:cumtpvip@cumtp.com
印　　刷	徐州中矿大印发科技有限公司
开　　本	787 mm×1092 mm　1/16　印张 8　字数 152 千字
版次印次	2021 年 10 月第 1 版　2021 年 10 月第 1 次印刷
定　　价	35.00 元

(图书出现印装质量问题,本社负责调换)

前　言

　　磨料射流是 20 世纪 80 年代迅速发展起来的一种新型射流,是固体磨料与高速流动的水或高压水互相混合而形成的液固两相介质射流。由于在高速流动的水中混入一定数量的磨料粒子,高压水的动能传递给磨料,从而改变了射流对靶体的作用方式,将水射流对靶物的持续冲击作用改变为磨料对靶体的冲击、磨削作用,高速粒子流还对靶物产生高频冲蚀,从而极大地提高了射流的品质和工作效率。由于其独特的冷态加工特点、强大的切割能力,且适用于狭小、复杂的作业空间,所以被广泛用于瓦斯治理、石油开采、机械加工等领域。

　　根据加入固体颗粒的方式,磨料水射流分为前混合磨料射流和后混合磨料射流。后混合磨料射流是在射流形成之后加入固体磨料,其加料的方式简单、方便,易于实现,但磨料与高压水很难充分混合,不能把高压水的能量充分有效地传递到固体颗粒上,所以工作所需的射流压力较高,就切割而言,一般在 150 MPa 以上。在相同能耗的情况下,前混合磨料射流系统的切割深度可达到后混合磨料射流切割深度的 2 倍,且在岩石掘进、钻探开采等方面无法使用后混合磨料射流。相比后混合磨料射流,前混合磨料射流具有更广阔的发展前景。

　　前混合磨料射流的主要优势在于其具备超强的切割、冲蚀性能,而影响其切割、冲蚀性能的两个关键因素分别是水介质对磨料的加速性能及磨料在射流中的分布状态。对于前混合磨料射流磨料加速机理的理论研究,目前主要存在以下两方面的问题:一方面,将阻力系数视为常数;另一方面,忽略了巴西特力对磨料加速的影响。由于磨料射流具备较高的速度,传统方法无法直接测试出磨料的速度场及磨料在射流中的分布规律,从而无法验证磨料的加速机理。

基于这一研究现状,笔者在将阻力系数作为变量且考虑了巴西特力的基础上,建立磨料加速的差分模型,同时设计迭代算法进行求解,揭示前混合磨料射流中磨料颗粒的加速机理;采用 3DPIV 技术结合自主编程设计的磨料中心识别程序测试磨料速度,对磨料加速机理进行验证;采用非参数假设检验法分析磨料在射流中的分布规律;基于冲蚀实验,进一步验证前混合磨料射流磨料加速机理。

全书由河南理工大学左伟芹撰写,研究生黄诚、汪洋、谢坤容等协助完成了大量的实验和数据整理工作,张文明和蒋雯吉协助文字和图形编辑。

本书得到了国家自然科学基金项目(51774119、51604092)、中国博士后基金面上项目(2018M642749)、河南省高等学校重点科研项目计划基础研究专项(19ZX003)、河南理工大学创新型科研团队支持计划(T2020-1)、河南理工大学杰出青年基金项目(J2021-5)和河南省瓦斯地质与瓦斯治理省部共建国家重点实验室培育基地的资助,在此一并致以最诚挚的感谢!

由于作者水平有限,书中难免有不足之处,恳请读者批评指正,不胜感谢。

著 者

2020 年 11 月

目　录

1

绪　　论

1.1　前混合磨料射流研究背景

　　磨料射流是 20 世纪 80 年代迅速发展起来的一种新型射流,是固体磨料与高速流动的水,或者与高压水互相混合而形成的液固两相介质射流。由于在高速流动的水中混入一定数量的磨料粒子,高压水的动能传递给磨料,从而改变了射流对靶体的作用方式,将水射流对靶物的持续作用改变为磨料对靶体的冲击、磨削作用,高速粒子流还对靶物产生高频冲蚀,从而极大地提高了射流的品质和工作效率[1-3]。

　　磨料水射流中,根据加入固体颗粒的方式,分为后混合磨料射流和前混合磨料射流。后混合磨料射流是在射流形成之后加入固体磨料,其加料的方式简单方便、易于实现,但磨料与高压水很难充分混合,不能将高压水的能量充分且有效地传递到固体颗粒上,所以作业所需的射流压力较高,就切割而言,一般在 150 MPa 以上[4]。哈希什(Hashish)[5] 研究表明,在相同能耗的情况下,前混合磨料射流系统的切割深度可以达到后混合磨料射流切割深度的 2 倍,并且在岩石掘进、钻探开采等方面无法使用后混合磨料射流。相比后混合磨料射流,前混合射流具有更加广阔的发展前景。

　　前混合磨料射流的主要优势在于其具备超强的切割、冲蚀性能,而影响其切割、冲蚀性能的两个关键因素分别为:水介质对磨料的加速性能和磨料在射流中的分布状态。对于前混合磨料射流磨料加速机理的理论研究,目前主要存在以下两方面问题[6-9]:一方面,将阻力系数视为常数;另一方面,忽略了巴西特力对磨料加速的影响。由于磨料射流具备较高的速度,传统方法无法直接测试出磨料的速度场,从而无法验证磨料的加速机理。目前,对前混合磨料射流磨料加速机理的研究仅处于理论研究阶段,对加速机理的阐述也不够完善;同时,对前混合磨料射流磨料分布方面的研究尚未见到有关报道。有学者认为,后混合磨料射流中磨料分布于射流的表面,很难到达射流的中心,磨料加速不充分;然而,前混合磨料射流中磨料与水相混合均匀,磨料较易到达射流的中心,磨料加速较为充分,导致在相同能耗下前混合磨料射流切割深度可以到达后混合磨料射流切割深度的2倍。因此,前混合磨料射流磨料加速机理及分布规律研究方面的缺陷,严重地制约了该技术的发展。

对前混合磨料射流磨料加速机理进行深入的研究,不仅能全面地了解磨料在喷嘴内的受力情况及磨料加速过程,还可以寻求有效的措施,从而提高水介质对磨料的加速效率,优化喷嘴结构,为提高前混合磨料射流切割、冲蚀能力提供理论基础。其次,对前混合磨料射流磨料分布规律的研究,不仅能够深入地了解磨料射流打击力的分布,还可以更加精确地控制前混合磨料射流切割、冲蚀形状,为满足更高精度、更复杂形状的加工提供理论基础。因此,前混合磨料射流的打击力主要是磨料提供的,磨料的分布规律及撞击靶体时的速度是前混合磨料射流冲蚀机理的基础,对前混合磨料射流磨料加速机理及分布规律的研究则是前混合磨料射流冲蚀机理的基础。

目前广泛使用的前混合磨料射流原理如下:将磨料装入能承受高压的磨料罐内,磨料罐与高压管道并联,高压水在高压管道与磨料罐并联段分为两股,经过磨料罐的高压水在磨料罐内与磨料混合后与高压管内的高压水汇合,随后经喷嘴喷出。与后混合磨料射流相比,前混合磨料射流改善了磨料与水介质的混合机理,射流的能量传输效率显著地提高,切割钢材等坚硬材料时,其工作压力比后混合磨料射流降低一个数量级。已有研究成果表明[10-11],磨料射流超强的冲蚀能力主要是磨料提供的,故影响前混合磨料射流切割、冲蚀性能的两个关键因素分别为水介质对磨料的加速性能和磨料在射流中的分布状态。

1.2 磨料加速机理研究现状

在前混合磨料射流中,磨料的加速主要是在喷嘴内完成的,加速过程中磨料与水相之间的速度差存在较大的跨度,导致雷诺数变化较大,且加速过程中受力情况较为复杂,给运动方程的求解带来一定的困难。为此,部分学者对磨料受力情况进行了简化,并且开展了磨料加速机理的相关研究工作。

李宝玉等[9]认为,在磨料水射流中,磨料首先进入高压输送管而得到第一次加速。由于高压输送管内的水流速度很低,因此磨料的加速过程主要在喷嘴收缩段、圆柱段以及射流的核心段内完成。在喷嘴入口处,磨料与水流保持速度平衡,两项速度差为零;在喷嘴收缩段内,磨料与水流的速度分布曲线相似,只不过磨料的速度总是落后于水流的速度,而且这个落差越来越大。磨料在喷嘴圆柱段内的加速度情况与收缩段内的正相反。当粒子刚进入圆柱段时,其速度增加较快;当粒子的速度增加到一定程度后,其速度增加却极其缓慢。磨料粒子从喷嘴喷出时已经达到水流速度的 90% 以上。

李宝玉等[12]认为,在磨料水射流系统中,磨料粒子的加速过程主要是在喷嘴收缩段和圆柱段,磨料粒子在收缩段的速度大约是水射流速度的 0.5 倍,磨料粒子在圆柱段的速度大约是水射流速度的 0.95 倍,磨料粒子离开喷嘴后在水射流的核心段仍然被加速。

董星[8]认为,磨料颗粒由高压磨料罐流入高压管与高压水混合过程中得到第一次加速,且其速度以负指数形式趋近于高压管中水的速度。在高压管中已达到速度平衡的磨料与水的混合液进入喷嘴后,由于喷嘴圆锥收敛段水得到加速,必然造成磨料颗粒与水的新的速度不平衡,因此磨料颗粒得到第二次加速。磨料颗粒在很短的圆锥收敛段内加速后,仍然存在很大的滑移速度,磨料颗粒在喷嘴直线段处于加速状态。

陆国胜等[13]认为,在前混合磨料射流中,磨料颗粒进入高压管路受到第一次加速,但管内水流速度较低,磨料颗粒加速不明显。磨料颗粒的加速主要是在喷嘴收敛段和圆柱段内完成的。在喷嘴收敛段,磨料颗粒与水流的速度分布曲线相似,都得到加速,刚开始时速度增加缓慢,但随着距离的增加,速度增长越来越快,只不过磨料颗粒的速度总滞后于水流的速度,而且速度差越来越大。磨料颗粒在喷嘴圆柱段的加速情况与喷嘴圆锥收敛段有所不同。磨料颗粒刚进入圆柱段时,其速度增加较快,当磨料颗粒速度增加到一定程度时,其速度的增加却极其缓慢。前混合磨料射流由喷嘴喷射出后形成的射流核心段是一个等速场,特别是核心段的前部是类似于喷嘴圆柱段,磨料颗粒在射流核心段内还将得到进一步加速。

杨国来等[14]认为,磨料在高压管路中第一次加速。磨料颗粒与水流在喷嘴收缩段都得到加速,刚开始速度增加得很缓慢,在收缩段结束前一小段距离内速度急剧增加,水流加速要比磨料颗粒加速快,整个过程磨料速度一直小于水流速度,随着距离的增加,水流速度与磨料速度差越来越大。进入圆柱段,磨料与水仍存在速度差,磨料继续加速,水流速度也继续增加,但磨料速度增加幅度大于水的速度增加幅度,两相速度差减小。

铁占绪[15]认为,磨料粒子的加速不仅需要时间,而且还需要空间。在实际应用中,为了提高磨料射流的效率,磨料粒子从喷嘴射出到靶物(被加工物)之间要进行一段距离的加速,使之具有一定的速度。数值计算结果表明,在喷嘴收缩段流场中,粒子速度随加速距离的增加与流场速度差也越来越大。由此可见,在设计喷嘴时,其收缩段长度不宜太长,否则会增加阻力损失,反而降低了磨料射流的效率。

上述学者均是在对单颗磨料进行受力分析的情况下建立磨料的运动方程的,他们均将阻力系数这一关键参数当作常数处理,且未考虑巴西特力对磨料加速的影响,同时对磨料加速机理的描述也不够完善。

一些学者利用多相流动理论对磨料粒子的加速进行了研究,主要采用的理论模型如下[16-21]:

(1) 无滑移连续介质模型[22]

无滑移连续介质模型是英国帝国工学院斯伯丁(Spalding)教授在 20 世纪70 年代提出的,其基本假设条件如下:

① 颗粒群按固定尺寸分组,不同尺寸组归属不同的相,各相的温度和物质密度均相等。

② 颗粒相的时均速度等于流体的当地速度,颗粒相与连续相之间不存在相对速度,即相间滑移速度为零。

③ 将颗粒相看作具有湍流扩散性质的连续介质,各颗粒相的湍流扩散系数相等,并且等于流体的扩散系数。

④ 相间的质量、动量和能量交换类似于流体混合物中各组分间的作用,忽略颗粒相与连续相之间的阻力。

基于上述假设,多相流体就可以采用与单相流体相类似的方法进行模拟,根据连续性假设和单相流体的运动微分方程组就可以得到各相应满足的连续性方程、动量方程和能量方程。

斯威森班克(Swithenbank)等人利用无滑移模型计算了涡轮发动机燃烧室中旋转回流三维液雾的燃烧过程,吉普森(Gibson)用该模型对轴对称突扩有回流煤粉燃烧进行了数值计算,得出了一些有益的结论[23]。这些研究成果都为定性探讨工程实际中的多相流动问题提供了依据。

无滑移连续介质模型处理方法简单,计算方便,无须重新编制颗粒相的计算程序,只要对原有的流体相计算程序进行部分修改、添加计算颗粒源项的部分即可。但是,该模型没有考虑颗粒相与流体相之间的速度滑移以及相间作用力,这同实际的多相流动情况差异很大,目前这种模型已经很少使用了。

(2) 小滑移连续介质模型

20 世纪 60 年代末,苏绍礼(S. L. Soo)[24]提出了模拟多相流动的小滑移连

— 4 —

续介质模型,后来德鲁(Drew)[25]对小滑移连续介质模型进行了更多细致的描述。无滑移连续介质模型并非认为颗粒相与流体相之间不存在滑移,实际上颗粒相与流体相的瞬时速度并不是相等的,而是颗粒相与流体相的时均速度相等,颗粒相对于流体相存在湍流扩散,所以其本质也是一种小滑移模型。但 Soo 和 Drew 的小滑移模型比 Spalding 的无滑移模型考虑了更多的因素,其基本假设条件如下:

① 颗粒群看作连续介质并按当地尺寸分组,不同的组为不同的相。

② 同一相具有相同的速度、温度、物质密度和颗粒直径。

③ 颗粒相的速度不等于流体相的当地速度,颗粒相之间的速度也不相等,各相间存在相对滑移。

④ 颗粒运动是由流体的运动引起的,颗粒相的滑移是颗粒相的湍流扩散所致。

根据上述假设条件,类似于多组分流体混合物的运动方程组,就可以建立小滑移连续介质模型的运动方程组。Soo[26]利用该模型分别对反应堆冷却、流化床燃烧以及旋风除尘器中的流动进行了研究。与无滑移连续介质模型相比,小滑移连续介质模型考虑了颗粒相与流体相之间的速度滑移和温度滑移,更加接近实际情况。但是,在考虑相间滑移时,这种模型仍然将颗粒相的滑移看作湍流扩散的结果,这与实际工程应用中的多相流动问题存在较大的差异。

（3）滑移-扩散颗粒群模型

无滑移模型或小滑移模型都假设相间不存在相对速度,但研究表明,流体相与颗粒相以及不同尺寸颗粒群之间的滑移不仅是湍流扩散的结果,而且相间存在的时均速度差。通常情况下,在多相流动中颗粒群既有沿着轨道的滑移运动,又有沿轨道两侧的扩散运动,并且前者比后者更重要。以气-固燃烧炉为例,煤粉在炉内喷嘴出口处其速度和气流速度之比在 0.95~0.98[23],此时气流的拖曳力使煤粉做加速运动。同样,在煤粉输送管道中,煤粉颗粒也不会加速到气流速度,它们之间总存在一定的相对速度。滑移-扩散颗粒群模型就是针对这种多相流动的实际情况而提出的,其假设条件如下[27-28]:

① 各相初始动量的不同所引起的时均速度的差异是造成滑移的主要原因。

② 扩散飘移对相间滑移的贡献可以忽略。

③ 流动空间各点上各相的速度、颗粒相尺寸和温度等物理参数均不相同。

滑移-扩散颗粒群模型不仅考虑了颗粒相的湍流扩散,而且考虑了相间由于初始动量不同所引起的时均速度滑移,能够比较全面地考察和研究多相流动。但是,这种模型的计算量很大,当颗粒相较多时,数值求解十分困难。

（4）分散颗粒群模型

上述三种多相流动模型都是在欧拉坐标系中考察颗粒群和流体的运动，这样可以采用统一的形式和求解方法来处理流体相和颗粒相。但是，在处理颗粒初始尺寸不均匀以及颗粒尺寸不断变化的多相流动（如煤粉在炉内的运动和燃烧过程）过程中，上述模型的计算方法十分复杂，计算工作量巨大。对于炉内煤粉的运动情况，煤粉颗粒的体积分数并不大，即颗粒群较稀。这时，按体积平均而选择的控制体积同流场尺寸相比无法满足宏观足够小、微观足够大的条件，这种情况下连续性假设就失效了。为此，克罗（Crowe）[29]和斯穆特（Smoot）等[30]提出了分散颗粒群模型，并推导了该模型的数值求解方法（PISC 算法）。该算法在欧拉坐标系中考察流体的运动，而在拉格朗日（Lagrange）坐标系中研究颗粒群的运动情况。

1.3 磨料射流流场测量研究现状

由于磨料颗粒的冲击和磨蚀作用很强，实验研究无法对磨料射流进行接触式测量，只能采用一些非接触式的或间接测量的方法。近年来，国内的部分学者对固体颗粒速度场测试进行了一些实验研究，主要研究方法及成果如下：

宋鼎等[31]提出了一种基于图像处理技术的气-固两相流速度测量方法。通过控制 CCD 照相机的曝光时间获得颗粒的运动模糊图像，在此基础上利用图像处理方法估计出模糊图像的点扩展函数并且建立运动模糊图像与颗粒运动速度之间的联系，从而得到颗粒的运动速度。仿真结果及初步实验结果表明，该方法适用于气-固两相流颗粒速度的测量。

吴学成等[32]提出一种利用廉价激光器和工业 CCD 相机同时测量煤粉颗粒速度和粒径的新方法。该方法获得的煤粉颗粒的轨迹图像清晰度和均匀度很好，测量结果与商用 PIV 测速仪和 Malvern 粒度仪结果基本吻合，验证了轨迹成像法应用于煤粉颗粒速度和粒径在线测量的可行性。

张晶晶等[33]提出运用单帧单曝光图像方法对模拟的低浓度气-固两相流场进行了速度分布和矢量场测量，速度测量值与理论值基本吻合，采用激光片源得到的数据较 LED 背光照明下的数据更接近真值，相对比较可靠；同时，所测得的速度场与实际图像中颗粒运动轨迹基本相符，说明该方法可以用于低浓度的气固两相流场测量，并且算法正确。

上述三种研究对象均为气-固两相流场，获得颗粒的运动模糊图像，利用图像处理方法估计出模糊图像的点扩展函数并且建立运动模糊图像与颗粒运动速度之间的联系,流场速度低于 20 m/s,并且测量精度有限。

周洁等[34]提出,用光信号互相关测量两相流中颗粒流动速度的方法,根据颗粒经过气流流动方向上相邻两束激光光束时对光强的吸收时序信号所进行的相关计算,可以得到颗粒运动的平均速度;同时,考虑颗粒的多分散性特点,根据互相关曲线上的多个峰值,可以计算出颗粒的平均速度。通过在两相流实验台上的研究结果表明,速度测量的相对误差在 10% 之内,并且具有较好的重复性。该方法具有抗干扰能力强、适用工业现场测量以及各种颗粒的形状等特点。但是,颗粒浓度对测量结果的准确性有很大的影响,浓度太大或太小都会使测量结果的准确率大为降低。

张伟等[35]提出了灰度统计判别原理,可以对粒子图像实现速度和粒径实时同时测量的新技术——粒子图像速度粒度场仪。该粒子图像速度粒度场仪通过灰度判别解决了 3DPIV 粒子图像中方向二义性问题,简化了 3DPIV 系统,实现了速度粒度的全场同时实时化测量。该方法需要将两张照片做叠加处理,为保证粒子清晰可辨,流场中固体颗粒的浓度不能太高。

吴学成等[36]提出了应用激光数字全息测量两相流颗粒粒径。测量系统成功地对被测流场区域的颗粒场进行了重建,将获得的颗粒粒径统计分布与 Malvern 粒度仪测量结果进行了对比,结果基本吻合,说明激光数字全息测量系统可以很好地进行颗粒场粒径及其空间分布的测试。激光数字全息(DIH)技术由于具有三维、瞬态以及多参数(颗粒速度、粒径和浓度等)测量的特点,在多相流流场诊断领域具有巨大的应用潜力[37-39],但学者们仅对低速下两相流颗粒粒径分布进行了研究。

国外部分学者对磨料颗粒的加速过程、射流截面上磨料颗粒分布以及喷嘴的磨损过程等进行了实验研究,所采用的实验方法主要有以下几种[16]:

(1)电磁感应法

斯汪森(Swanson)等[40]及米勒斯(Miller)等[41]采用两个电磁感应线圈,对后混合准直管中磨料颗粒的运动过程进行了测量。他们将一些微小的磁体均匀地混入磨料中,通过供料管线将混有磁体的磨料颗粒输送到混合腔与高压水混合后经准直管喷嘴喷出;同时,利用两个闭合线圈将射流环绕住,记录磨料颗粒经过两个线圈的时间,再根据线圈之间的距离和记录得到的时间差就可以计算出磨料颗粒的速度。该方法只能测量磨料颗粒在某一长度段内的平均速度,测不出颗粒在准直管内的径向位置,无法得到射流截面上磨料颗粒的速度分布。

(2)激光-双聚焦速度计

斯凯里希(Himmelriech)[42]采用激光-双聚焦速度计测量了磨料水射流中液固两相的速度。两束激光相隔一定距离放置,射流和磨料颗粒依次经过上、下游的两束激光,这一过程所需的时间称为飞行时间。陈(Chen)等[43-44]利用激光跃迁速度计对后混合准直管中液固两相速度进行了实验研究。激光跃迁速度计的测量原理与电磁感应法设备的测量原理相似,其缺点也极为相似。

(3) 激光-多普勒速度计

激光-多普勒速度计(laser Doppler velocimetry,LDV)[45]也是一种激光测速方法,它利用部分反射镜将偏振激光分成两束平行光,两束平行光通过一个会聚透镜后相交于放置在磨料射流中的透镜焦点处。磨料颗粒经过透镜焦点时发生光的散射现象,测量散射光与原始光间的频率差,并借助频率差、颗粒运动速度和光速三者间的关系就可以得出磨料颗粒的平均速度。该方法属于点测量法,对于单一相的测量具有较高的精度,但对于磨料射流类的两相流体则无法准确地捕捉并识别出离散相的速度。

(4) 粒子图像速度场仪

粒子图像速度场仪(particle image velocimetry,PIV)技术已有 30 多年的历史,它是利用粒子成像原理测量流体运动速度在空间相对变化的技术[46,47]。其测量原理是:用一个脉冲式激光片光源照射流场,并用照相机同步拍照,合理设置脉冲时间间隔,可以得到一系列流场示踪粒子的图像,对图像进行自相关分析后就可以得到该时刻成像位置的速度矢量场。PIV 属于非接触式的面测量技术,对流体速度场的测量具有较大的优势,但对固体颗粒相速度场的测量还不够完善。

(5) 旋转双盘法

史蒂文森(Stevenson)[48]和刘(Liu)[49]等利用旋转双盘技术来测量磨料颗粒和流体的速度。实验装置由两个间隔一定距离的同轴检测盘组成,上盘表面上间隔一定角度均匀布置着狭缝,下盘表面上涂有记录介质。双盘在马达带动下高速旋转,磨料射流通过上盘的狭缝后在下盘表面上产生冲蚀坑。经过一段时间,移走检测盘并测量冲蚀坑的分布面积就可以确定射流横截面上磨料颗粒的速度分布。这种方法可以同时测量液-固两相的平均速度,但测不出两相的速度分布,并且测量精度与刻痕角度的测量密切相关,适用于测量非淹没射流。

(6) 射流冲击力测量法

蒙贝尔(Momber)等[50]根据冲击动量关系,将射流冲击力对时间积分,得到射流速度与射流冲击力之间的关系式。这种方法操作简单,但只能测量射流速度或者穿透工件以后的射流速度。

1.4 主要研究内容

根据以上分析,本书结合国内外在前混合磨料射流磨料加速机理及分布规律的研究现状,将阻力系数作为变量,并在考虑巴西特力的基础上,分析前混合磨料射流的加速机理;采用 3DPIV 技术结合图片识别程序测试磨料的速度场,验证磨料加速机理,并分析磨料的分布规律;基于冲蚀实验,进一步对前混合磨料射流磨料加速机理进行验证。本书的主要研究内容包括:

(1)前混合磨料射流磨料加速机理研究

在分析磨料受力情况的基础上,建立磨料差分形式的运动方程,利用迭代算法进行求解,揭示磨料加速机理,分析磨料加速过程中各类力的大小,为优化喷嘴结构提供依据,并分析喷嘴结构及磨料特性对磨料加速的影响。

(2)前混合磨料射流磨料速度场测试

采用 3DPIV 技术结合自主编程设计的磨料粒子中心识别程序,测试磨料射流磨料速度场,并分析喷嘴结构参数对磨料速度场的影响。

(3)前混合磨料射流磨料分布规律研究

采用 3DPIV 技术结合自主编程设计的磨料粒子中心识别程序,获得磨料坐标,利用统计手段研究磨料的分布规律,并研究喷嘴结构对磨料分布规律的影响。

(4)前混合磨料射流冲蚀实验

根据侵彻机理,建立单颗磨料差分形式的侵彻模型,结合获得的磨料速度,求解磨料侵彻体积;进行磨料射流冲蚀实验并测试冲蚀体积,与理论计算得出的侵彻体积进行对比分析,验证前混合磨料射流磨料加速机理。

1.5 主要研究方法

本书将围绕以上研究内容,在大量搜集资料和调研基础上,首先进行文献综述、提出问题;然后运用两相流体力学分析磨料的受力情况,建立差分形式的磨料运动方程,并利用迭代算法进行求解,以揭示磨料加速机理;接着采用 3DPIV 技术结合自主编程设计的磨料中心识别程序获得磨料的速度场,以验证磨料加速机理,同时利用获得的磨料坐标分析磨料的分布规律;最后利用侵彻机理及冲蚀实验对加速机理进一步进行验证。其技术路线如图 1-1 所示。

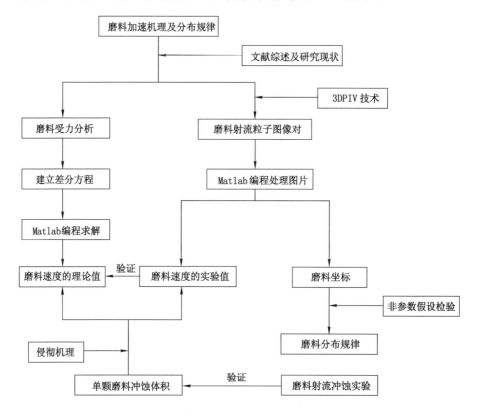

图 1-1　技术路线框图

（1）磨料射流加速机理研究方法

首先运用两相流体动力学分析磨料的受力情况，并建立差分形式的磨料运动方程；然后利用迭代算法编制程序进行求解，揭示磨料的加速机理；最后通过改变喷嘴结构及磨料特性分析这些因素对磨料加速的影响规律。

（2）前混合磨料射流磨料速度场测试步骤

第一步，采用 3DPIV 技术拍摄过磨料射流轴心的图像粒子对图片；

第二步，利用 Matlab 对图片进行色阶处理，使得磨料图像边界清晰；

第三步，利用图像识别技术识别磨料的中心；

第四步，将图像粒子对两张图片上磨料的坐标进行比对，获得磨料的速度场，并对磨料加速机理进行验证。

（3）前混合磨料射流磨料分布规律研究方法

首先采用 3DPIV 技术拍摄过磨料射流轴心的图像粒子对图片；然后利用 Matlab 对图片进行色阶处理，使得磨料图像边界清晰；接着利用图像识别技术识别磨料的中心，获得磨料的坐标；最后利用统计方法对磨料坐标进行分析，得出磨料的分布规律，并研究喷嘴结构参数及靶距对磨料分布的影响规律。

（4）前混合磨料射流冲蚀实验研究

第一步，根据侵彻机理，建立单颗磨料差分形式的侵彻模型；

第二步，根据获得的磨料速度，结合差分形式的侵彻模型得出磨料的冲蚀体积；

第三步，进行冲蚀实验并测试冲蚀体积，与理论值进行对比，进一步验证磨料加速机理。

2

前混合磨料射流磨料全过程加速机理研究

前混合磨料水射流技术是近代发展起来的新技术,广泛应用于石油天然气开采等领域。前混合磨料射流的主要优势在于其具备超强的切割、冲蚀性能,而影响切割、冲蚀性能的关键因素之一是水介质对磨料的加速性能。研究磨料的加速机理能全面了解磨料在喷嘴内的受力情况及磨料加速过程,为寻求有效措施以提高水介质对磨料的加速效率、优化喷嘴结构、提高前混合磨料射流切割(冲蚀)能力提供理论基础。磨料水射流存在着复杂的脉动现象,磨料在加速过程中受多种力的影响,其加速机理极为复杂。一些学者对受力模型进行了较大的简化,忽略了一些力对磨料加速的影响,导致模型存在较大的误差;另一些学者对磨料的受力进行了详细的分析,但所建立的模型过于复杂,没给出有效的求解方法,无法为寻求提高磨料加速效率的措施明确的指导。为此,本章在分析磨料受力情况的基础上,建立磨料差分形式的运动方程,利用迭代算法进行求解,分析磨料加速过程受力情况,揭示磨料加速机理。

2.1 磨料受力分析

磨料加速过程中主要受到的力为:阻力、颗粒加速度力、流体的不均匀力[51-56]。下面对这些力进行详细的分析。

2.1.1 阻力

所谓阻力,是指颗粒在静止流体中做匀速运动时流体作用于颗粒上的力。如果来流是完全均匀的,那么颗粒在静止流体中运动所受的阻力,与运动流体绕球体流动作用于静止颗粒上的力是相等的。在下面的论述中,我们将对这两种情况不再进行严格的区分,但在利用运动流体作用于静止颗粒上的力来测量颗粒阻力时,必须设法使来流均匀。

（1）阻力计算的基本关系式

首先分析匀速、等温、不可压缩及流场尺寸无限大的理想流体（非黏性流体）绕球体流动的情况。由伯努利方程可知,球面上的压强为

$$p = p_\infty + \frac{1}{2}\rho_{\mathrm{f}}v_\infty{}^2 + \frac{1}{2}\rho_{\mathrm{f}}v^2 \tag{2-1}$$

式中　p_∞——无限远处流体的压强;

v_∞——无限远处流体的速度;

p——球面上流体的压强;

v——球面上流体的速度。

由于

$$v = -\frac{2}{3}v_\infty \sin\theta$$

所以

$$p = p_\infty + \frac{1}{2}\rho_{\mathrm{f}}v_\infty{}^2\left(1 - \frac{4}{9}\sin^2\theta\right)$$

如图 2-1 所示,球面上的压强分布是对称的,作用于颗粒上的合力为零,即

$$\boldsymbol{F}_{\mathrm{d}} = \iint\limits_{\delta} p\boldsymbol{n} \cdot \mathrm{d}\sigma \tag{2-2}$$

式中　$\boldsymbol{n}$——球面 σ 法线方向上的单位矢量。

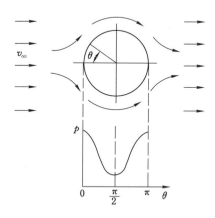

图 2-1　理想流体绕球形颗粒流动时颗粒表面上的压强分布

颗粒在理想流体中匀速运动时不受阻力,这就是流体力学中著名的达郎贝尔（D'Alembert）佯谬。

现在来分析匀速、等温、不可压缩及无限大流场的实际(黏性)流体绕球体流动时的情况。

由于流体具有黏性,在颗粒表面有一黏性附面层,它在颗粒表面上的压强和剪切应力分布,如图 2-2 所示。球面上的压强随 θ 的分布是不对称的,颗粒受到与来流方向一致的合力,称为压差阻力。另一方面,颗粒表面上的摩擦剪应力,其合力方向也与来流方向一致,称为摩擦阻力。因此,颗粒在黏性流体中运动时,流体作用与球体上的阻力有压差阻力和摩擦阻力组成。习惯上将阻力 F_d 的表达式写成:

$$F_d = C_D \frac{1}{2}\rho_f |v_f - v_p|(v_f - v_p)S \tag{2-3}$$

式中　v_f——流体的速度;

　　　v_p——颗粒的速度;

　　　S——颗粒的迎风面积;

　　　C_D——阻力系数。

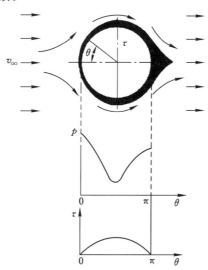

图 2-2　实际流体绕球形颗粒流动时颗粒表面上的压强和剪应力分布

该式考虑了颗粒与流体间的相对运动,阻力 F_d 的方向与 $v_f - v_p$ 的方向一致。

(2)阻力系数

从理论上讲,阻力系数可以从不可压缩黏性流体绕球流动的纳维-斯托克斯

(Navier-Stokes)方程的数值中获得。由于球形颗粒表面的附面层非常复杂,所以只有极少数特殊情况可以从方程组导出计算式。目前,阻力系数主要依靠实验来确定。下面首先介绍若干理论结果,然后再介绍实验结果。

从理论上导出的计算公式主要有斯托克斯(Stoukes)定律和奥森(Oseen)公式。

① Stoukes 定律。Stoukes 于 1850 年在理论上研究了匀速流体绕球流动。因为流体速度很低,颗粒雷诺数很小,所以可忽略 Navier-Stokes 方程中的惯性项。他解得流体作用于球体上的力为:

$$F_d = 2\pi r_p \mu(v_f - v_p) + 4\pi r_p \mu(v_f - v_p)$$
$$= 6\pi r_p \mu(v_f - v_p) \tag{2-4}$$

式中　r_p——球形颗粒半径;

　　　μ——流体动力。

由式(2-4)可见,阻力中压差阻力占 1/3,摩擦阻力占 2/3,由于没考虑惯性项,所以阻力与 ρ_f 无关。

由阻力公式可知,阻力系数为:

$$C_{Ds} = \frac{24}{Re} \quad (Re < 1) \tag{2-5}$$

式中　Re——颗粒雷诺数,$Re = \dfrac{2r_p \rho_f |v_f - v_p|}{\mu}$

式(2-5)称为 Stokes 定律,其适用范围为 $Re < 1$。其中,满足 Stokes 定律的流动称为斯托克斯流,C_{Ds} 称为斯托克斯阻力系数。

② Oseen 公式。Oseen 于 1910 年近似地考虑了惯性项,他得到流体作用于球体上的力为

$$F_d = 6\pi \mu r_p (v_f - v_p)(1 + \frac{3}{16}Re) \tag{2-6}$$

阻力系数为:

$$C_{Ds} = \frac{24}{Re}(1 + \frac{3}{16}Re) \quad (Re < 5) \tag{2-7}$$

式(2-7)可改写为:

$$C_D = C_{Ds} f(Re)$$

式中　$f(Re)$——惯性效应修正因子,它是由惯性项引起的。对于奥森公式,

$f(Re) = (1 + \dfrac{3}{16}Re)$。

从实验得到的主要结果包括牛顿(Newton)公式和标准阻力曲线。

③ Newton 公式。1710 年,Newton 进行了球体以很大速度在不可压缩黏性流体中做匀速运动的实验。他得到流体作用于颗粒上的力为：

$$F_d = 0.22\pi r_p{}^2 \rho_f v_p \tag{2-8}$$

阻力系数为：

$$C_D = 0.44 \quad (500 < Re < 2\times10^5) \tag{2-9}$$

经过大量试验研究,人们得到的单个刚性球体在静止、等温、不可压缩及无限大流场的流体中做匀速运动时的阻力系数与雷诺数之间的关系(称为标准阻力曲线),如图 2-3 中曲线 4 所示。图 2-3 中也示出 Newton 公式、Stokes 定律和 Oseen 公式的曲线。因此可见,在这些公式的适用范围内,它们与标准阻力曲线基本一致。

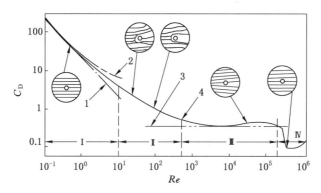

1—斯托克斯定律;2—奥森公式;3—牛顿公式;4—标准阻力曲线。

图 2-3　阻力系数与雷诺数的关系

C_D 随着 Re 的变化没有统一规律,难以用一个公式精确拟合。对于 $Re < 0.2$ 的情况,可用 Stokes 定律;对于 $0.2 \leqslant Re \leqslant 800$ 的情况,则可用下式拟合：

$$C_D = \frac{24}{Re}(1 + 0.15\,Re^{0.687}) \tag{2-10}$$

C_D 随 Re 变化的情况复杂,这是由流体绕球流动时球表面附面层和尾流的复杂情况引起的。图 2-3 为不同雷诺数时的流型图,由该图可以将阻力曲线分成 4 个区域。

Ⅰ区($Re < 10$)：

球表面为不脱体的层流附面层,尾流无脉动现象,C_D 随 Re 增加近似地按直线规律下降。

Ⅱ区($10 \leqslant Re \leqslant 500$)：

球面上有层流附面层脱体,在脱体点下游形成旋涡和尾流。当雷诺数较小时,在球的后滞止点处形成小旋涡;当雷诺数较大时,涡的大小和强度进一步增长,甚至发生涡系振荡。随着 Re 增加,脱体点往上游移动,阻力曲线随 Re 增加而缓慢下降。

Ⅲ区($500 < Re \leqslant 1.8 \times 10^5$):

球表面上层流附面层脱体点基本上保持在从前滞止点算起约 83° 的地方,涡系离开球体而形成尾流,C_D 随 Re 变化不大。

Ⅳ区($Re > 1.8 \times 10^5$):

球面上存在由层流转换为湍流的附面层,附面层脱体点后移。这样不仅使尾流较小,而且使球下游部分压力升高,从而极大地减小了阻力。

2.1.2 颗粒加速度力

颗粒加速度力是颗粒加速运动时流体作用于颗粒上的附加力。

(1) 视质量力

如前所述,当球形颗粒在静止、不可压缩、无限大、无粘性流体中做匀速运动时,颗粒所受的阻力为零。但是,当颗粒在无黏性流体中做加速运动时,它要引起周围流体做加速运动(注意:这不是由于流体黏性作用的带动,而是由于颗粒推动流体运动),由于流体具有惯性,表现为对颗粒产生一个反作用力。

颗粒在静止、不可压缩、无限大、无黏性流体中做加速运动时,颗粒表面上的压强分布为:

$$p = p_\infty + \frac{1}{2}\rho_f v_{p0}{}^2 \left(1 + \frac{4}{9}\sin^2\theta\right) + \frac{1}{2}\rho_f r_p a_p \cos\theta \tag{2-11}$$

式中 　ρ_f——流体密度;

　　　p_∞——流体在无限远处的压强;

　　　v_{p0}——颗粒运动的初始速度;

　　　a_p——颗粒运动的加速度。

图 2-4 为颗粒加速运动引起的颗粒表面附加的压强分布。在颗粒表面上取一微元球台,其侧面积为 $2\pi^2 p \sin\theta \cdot \mathrm{d}\theta$,则颗粒所受的力为:

$$
\begin{aligned}
F_m &= -2\pi r_p{}^2 \int_0^\pi \left[p_\infty + \frac{1}{2}\rho_f v_{p0}{}^2\left(1 - \frac{4}{9}\sin^2\theta\right) + \frac{1}{2}\rho_f r_p a_p \cos^2\theta\right]\cos\theta \cdot \sin\theta \cdot \mathrm{d}\theta \\
&= -\pi r_p{}^3 \rho_f a_p \int_0^\pi \cos^2\theta \cdot \sin\theta \cdot \mathrm{d}\theta \\
&= -\frac{2}{3}\pi r_p{}^3 \rho_f a_p
\end{aligned}
\tag{2-12}
$$

式中,"一"表示 F_m 与 a_p 的方向相反。

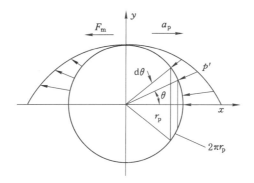

图 2-4　颗粒加速运动引起的颗粒表面附加的压强分布

因此,颗粒在静止的无黏性流体中做加速运动,必须克服 F_m,即:

$$F_m + F = m_p a_p$$

式中　F——外加力。

由此可得:

$$F = \left[m_p + \frac{1}{2} \left(\frac{4}{3} r_p^3 \rho_f \right) \right] a_p$$

$$= (m_p + m') a_p \tag{2-13}$$

式中,$m' = \frac{2}{3} \pi r_p^3 \rho_f$。

所以,F_m 的作用就像使颗粒质量增加了 m' 一样。因此,m' 称为视质量,它等于颗粒 1/2 体积的流体质量,F_m 称为视质量力。对于相对运动和可压缩流体来说,视质量力可表示为:

$$F_m = \frac{2}{3} \pi \cdot r_p^3 \rho_f \frac{\mathrm{d}}{\mathrm{d}t} (v_f - v_p) \tag{2-14}$$

实验表明,实际的视质量力比理论值大,视质量力一般写成:

$$F_m = K_m \left(\frac{4}{3} \pi r_p^3 \right) \rho_f \frac{\mathrm{d}}{\mathrm{d}t} (v_f - v_p) \tag{2-15}$$

奥达(Odar)实验指出,K_m 依赖于加速度的模数 A_c。其经验公式为:

$$K_m = 1.05 - \frac{0.066}{A_c^2 + 0.12} \tag{2-16}$$

式中,A_c 决定于气动力与产生加速的力之比。

$$A_c = |v_f - v_p|^2 / \left[2r_p \frac{\mathrm{d}}{\mathrm{d}t} (v_f - v_p) \right]$$

对于 $\rho_{mf} \leqslant \rho_{mp}$ 的两相流动,$m' \leqslant m_p$,视质量力可以忽略不计。但是,对于

$\rho_{mf} \approx \rho_{mp}$ 的两相流动,视质量力的影响是很大的。

（2）巴西特（Basset）加速度力

当颗粒在黏性流体中做直线变速运动时,颗粒附面层的影响将带动一部分流体运动。由于流体有惯性,当颗粒加速时,它不能立刻加速;当颗粒减速时,它不能立刻减速。这样,由于颗粒表面的附面层不稳定,使颗粒受到一个随时间变化的流体作用力,而且该力与颗粒加速历程有关。这个力是 Basset 首先提出的,称为 Basset 力,用 F_B 表示。经推导得:

$$F_B = K_B \sqrt{\pi \mu \rho_f} \, r_p^2 \int_{t_{p0}}^{t_p} \frac{1}{\sqrt{t_p - \tau}} \left[\frac{\mathrm{d}}{\mathrm{d}t}(v_f - v_p) \right] \mathrm{d}\tau \qquad (2\text{-}17)$$

式中 t_{p0}——颗粒开始加速的时刻。

由式(2-17)可知,Basset 力的方向与颗粒的加速度方向相反。

Basset 由理论计算指出,$K_B = 6$;Odar 进行的实验研究指出,K_B 依赖于加速度模数 A_c。其经验公式为:

$$K_B = 2.88 + 3.12/(A_c + 1)^3 \qquad (2\text{-}18)$$

2.1.3 流体不均匀力

流体不均匀力是由流体不均匀性而作用于颗粒上的附加力。

（1）压强梯度力

设颗粒所在范围内的压强梯度 $\frac{\partial p}{\partial x}$ 为常数,由于压强梯度引起的附加压强分布的不均匀性,如图 2-5 所示。

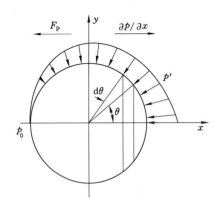

图 2-5 压强梯度引起的附加压强分布

设流体在$(-r_p,0)$点的压强为p_0,则颗粒表面由压强梯度引起的压强分布为:

$$p = p_0 + r_p(1 + \cos\theta)\frac{\partial p}{\partial x} \tag{2-19}$$

流体作用在颗粒上的附加力为:

$$F_p = -2\pi r_p{}^2\int_0^\pi\left[p_0 + r_p(1 + \cos\theta)\frac{\partial p}{\partial x}\right]\cos\theta \cdot \sin\theta \cdot d\theta$$

$$= -\left(\frac{4}{3}\pi r_p{}^3\right)\frac{\partial p}{\partial x} \tag{2-20}$$

因此,压强梯度力 F_p 的方向与压强梯度 $\dfrac{\partial p}{\partial x}$ 的方向相反,其大小等于颗粒体积与压强梯度的乘积。

(2) 横向力(速度梯度力)

当颗粒在有横向速度梯度的管道中运行时,发现颗粒趋于集中在离管道约 0.6 倍管半径的区域内,说明作用在颗粒上有横向力。研究指出,作用在颗粒上有两种横向力:一种是马格努斯力(Magnus force);另一种是滑移-剪切升力,又称为萨夫曼力(Saffman force)

① 马格努斯力(Magnus force)。流体横向速度梯度使颗粒两边的相对速度不同,可引起颗粒旋转。在雷诺数较小时,旋转将带动流体运动,使颗粒相对速度较高的一边的流体速度增加,压强减小,而另一边的流体速度减小,压强增加,结果使颗粒向流体速度较高的一边运动,从而使颗粒趋于移向管道的中心。这种现象被称为 Magnus 效应,使颗粒向管道中心移动的力被称为 Magnus 力。

由于颗粒旋转作用于球形颗粒上的 Magnus 力为:

$$F_{ML} = \pi r_p{}^3\rho_f\omega \times (v_f - v_p)[1 + 0(Re)] \tag{2-21}$$

式中　v_f——在球心测量的流体速度;

ω——球形颗粒旋转的角速度。

作用于球形颗粒上的力矩为:

$$M = -8\pi r_p{}^3\mu\omega[\omega + 0(Re)] \tag{2-22}$$

② 滑移-剪切升力。萨夫曼研究指出,颗粒在有横向速度梯度的流场中,颗粒表面的速度不同,即使颗粒不旋转,也将承受横向升力。当颗粒以低速度 v_p 沿流线通过简单剪切无限流场时,除了受斯托克斯阻力影响以外,还受到萨夫曼升力的影响。

2.2　磨料在管道内的加速机理

在前混合磨料射流中,磨料颗粒在高压磨料罐流态化后从控制阀经混合腔进入高压管路中的主流后,由于磨料颗粒与高压水的流速不等,必将产生相互作用力,磨料颗粒受到第 1 次加速。本书进行如下几点假设:

(1) 研究的前混合磨料射流体积分数约为 5%,按照十分稀疏的固液两相流考虑,忽略磨料颗粒之间的相互作用力。

(2) 实验部分使用的是烧制的陶粒,为较为规则的球形颗粒,故加速机理分析部分也采用球形。

(3) 高压水在高压管道中处于紊流状态,圆管紊流的平均速度为最大流速的 0.75~0.87 倍,故近似用平均速度代替高压水的速度。

2.2.1　受力分析

磨料与水混合均匀后,进入高压管道,通过喷嘴喷出。其间一般不会再经过控制阀等器件,除高压管接头部分外,其余部分管径基本不变。因此,假设高压水在管道中保持匀速前进。磨料在进入高压管道时,速度几乎为零,远小于高压水的速度,故磨料在高压管道中做加速运动。由此可见,磨料受到如下几个力:

(1) 当磨料与水之间存在速度差时,磨料将受到阻力 F_d 的影响。

(2) 当磨料在无黏性流体中做加速运动时,它要引起周围流体做加速运动,磨料将受到视质量力 F_m 的影响。

(3) 当磨料在黏性流体中做直线变速运动时,颗粒附面层将带着一部分流体运动,磨料将受到巴西特力 F_B 的影响。

2.2.2　运动方程的建立及差分迭代算法分析

根据以上研究,磨料在高压管道中加速时,主要受到阻力、视质量力、巴西特力的作用。由式(2-3)、式(2-14)和式(2-17)可知,在高压管道中,磨料受到的合力为:

$$F_g = F_d + F_m + F_B$$
$$= C_D \frac{1}{2} \rho_f |v_f - v_p| (v_f - v_p) S + \frac{2}{3} \pi r_p{}^3 \rho_f \frac{d}{dt}(v_f - v_p) +$$
$$K_B \sqrt{\pi \mu \rho_f} \, r_p{}^2 \int_{t_{p0}}^{t_p} \frac{1}{\sqrt{t_p - \tau}} \left[\frac{d}{dt}(v_f - v_p) \right] d\tau \qquad (2\text{-}23)$$

由牛顿第二定律可知:

$$F_g = m_p \frac{\mathrm{d}v_p}{\mathrm{d}t} \tag{2-24}$$

联立式(2-23)和式(2-24)可知,等式两边均含有 v_p,且 C_D 等系数也与 v_p 有关。C_D 随着 Re 的变化没有统一规律,难以用一个公式精确拟合。因此,采取差分原理结合迭代算法对运动方程进行求解。

根据假设,则管道内高压水的流速为:

$$v_f = \frac{L}{\pi r_g^2} \tag{2-25}$$

式中 L——射流流量;

r_g——管道直径。

设计算到第 $i+1$ 步时磨料运动的位移为 s_{i+1},则:

$$s_{i+1} = s_i + v_{p,i+1}\Delta t \tag{2-26}$$

计算到第 $i+1$ 步时磨料的速度为:

$$v_{p,i+1} = v_{p,i} + a_i\Delta t \tag{2-27}$$

计算到第 $i+1$ 步时磨料的加速度为:

$$a_i = \frac{F_{g,i}}{m_p} \tag{2-28}$$

$F_{g,i}$ 为阻力、视质量力、巴西特力之和。下面对 3 个力分别求解,具体如下:

(1) 阻力计算

C_D 是阻力计算中的关键参数,该参数选取的精度直接影响阻力计算的结果。由 2.1.1 节可知,C_D 随着雷诺数的变化没有统一规律,难以用一个公式精确拟合。由于磨料在管道内速度在较大的范围内变化,导致雷诺数变化范围较大。由图 2-3 可知,用经验公式得到的分段函数表达也会存在较大的误差。

为尽量降低误差,本书利用 Matlab 对图片识别的功能,对图 2-3 进行处理,得到 C_D 随着雷诺数的数据库。

下面进行差值处理,其计算过程如下:

① 使用画图工具将图 2-3 中除 C_D 以外的线条擦去,并处理成 0-1 的黑白照片。

② 将所得的图片用 Matlab 进行读取,获得 0-1 矩阵,矩阵大小为 1 163×695。

③ 从左向右对矩阵进行识别,记下每列中 1 的开始位置和终止位置。

④ 对每列中 1 的开始位置和终止位置进行平均,记为线条的最终位置,获得 950 个坐标。

⑤ 由于每计算一步，都需求一次 C_D，需要将所得的雷诺数进行 950 次对比。为了减少计算量，每隔 9 个像素记录一次，获得 96 个坐标。

⑥ 对获得的坐标进行换算，得到 C_D 随着雷诺数的数据库。数据库如表 2-1 所列。

表 2-1　阻力系数随雷洛数变化关系

Re	C_D	Re	C_D
0.102 6	198.90	1.722	14.57
0.109 4	202.15	1.960	13.24
0.122 6	180.80	2.231	12.03
0.135 1	159.14	2.499	10.94
0.151 4	142.33	2.844	9.940
0.169 6	125.29	3.238	9.034
0.186 9	112.05	3.685	8.211
0.209 4	100.22	4.127	7.462
0.234 6	88.22	4.623	6.782
0.262 8	80.17	5.262	6.164
0.294 4	71.71	5.988	5.692
0.324 5	64.13	6.816	5.174
0.363 5	58.29	7.758	4.702
0.407 2	52.13	8.830	4.274
0.456 2	46.63	9.574	4.010
0.511 0	41.70	10.90	3.703
0.572 4	37.30	12.60	3.366
0.651 6	33.36	14.34	3.059
0.718 2	30.32	16.32	2.825
0.817 6	27.12	18.88	2.609
0.915 8	24.65	21.49	2.371
1.042	22.04	24.45	2.190
1.167	20.36	28.28	2.023
1.308	18.50	32.18	1.868
1.537	16.29	37.22	1.725

表 2-1(续)

Re	C_D	Re	C_D
42.36	1.568	952.8	0.447 4
48.98	1.471	1 101	0.433 5
55.75	1.337	1 294	0.420 1
64.47	1.235	1 496	0.407 0
74.55	1.159	1 757	0.394 4
86.20	1.088	2 031	0.382 2
90.49	1.054	2 385	0.376 3
104.6	0.988 8	2 757	0.370 5
119.1	0.913 2	3 237	0.370 7
137.7	0.856 9	3 802	0.365 0
159.2	0.817 2	4 394	0.365 1
184.1	0.754 7	5 077	0.365 3
212.9	0.708 2	5 962	0.365 4
250.1	0.675 4	7 002	0.365 6
289.2	0.633 8	8 222	0.365 8
334.3	0.594 8	9 654	0.371 9
386.5	0.567 2	11 155	0.378 0
454.1	0.540 9	13 098	0.384 3
492.7	0.537 0	15 131	0.397 0
525.0	0.524 1	17 766	0.403 6
606.9	0.499 8	20 528	0.410 2
713.0	0.476 6	23 715	0.423 7
824.2	0.461 8		

雷诺数为:

$$Re_i = \frac{2r_{\mathrm{p}}\rho_{\mathrm{f}}\,|\,v_{\mathrm{f}} - v_{\mathrm{p},i}\,|}{\mu} \tag{2-29}$$

根据计算所得的雷诺数,与数据库中的雷诺数进行逐一对比。当数据库中首次出现比计算所得的雷诺数大时，停止对比，并记录下该数据的位置。首先从该数据开始，依次选取 3 个比该数据小的雷诺数；然后依次选取 2 个比该数据大的雷诺数，组成 6 组 C_D 与雷诺数相关的数组。

根据 6 组数据，采用插值法求 Re_i。样条插值法是一种特殊分段多项式进行插值的方法，可以使用低阶多项式样条实现较小的插值误差[57]。虽然分段低次插值函数都有一致收敛性，但光滑性较差，对于像高速飞机的机翼形线、船体放样等值线往往要求具有二阶光滑度，即有二阶连续导数。早期工程师制图时，将富有磁性的细长木条（所谓样条）用压铁固定在样点上，在其他方向让它自由弯曲，然后画下长条的曲线，称为样条曲线。实际上，它是由分段三次曲线并联而成，在连接点（样点）上要求二阶导数连续，从数学上加以概括就得到数学样条这一概念。应用最广的是三次样条插值法，因为它既满足一般实际问题的要求，而且建立过程也不太复杂[58]。三次样条插值法运用的数学函数为三次样条函数，对于三次样条插值函数的数学描述如下：

设对 $y=f(x)$ 在区间 $[a,b]$ 上给定一组节点 $a=x_0<x_1<x_2<\cdots<x_n=b$ 和相应的函数值 $y_0,y_1,\cdots,y_n$，则 $s(x)$ 具有如下性质：

① 每个子区间 $[x_{i-1},x_i]$ $(i=1,2,\cdots,n)$ 上 $s(x)$ 是不高于三次的多项式。

② $s(x),s(x)',s(x)''$ 在 $[a,b]$ 上连续，则称 $s(x)$ 为三次样条函数。

③ $s(x_i)=y_i$ $(i=0,1,2,\cdots,n)$，则称 $s(x)$ 为 $y=f(x)$ 的三次样条插值函数[59-60]。

目前，样条函数应用领域很广，随着计算机技术的发展，已广泛应用于重工业的计算机辅助设计和制造以及各种图形的绘制、地理信息系统、实验数据的拟合、计算机动画制作等领域。三次样条插值函数适用于水利和风洞实验等许多特定专业、特定研究方向中，其中水利研究一般应用于高程、水深、污染聚集度测量等工作中[61]。

根据三次样条插值法，计算出 $C_{D,i}$，代入式(2-3)，其阻力计算式如下：

$$F_{d,i}=C_{D,i}\frac{1}{2}\rho_f|v_f-v_{p,i}|(v_f-v_{p,i})S \tag{2-30}$$

（2）视质量力

在高压管道中，可以假设高压水的速度 v_f 为 0，则：

$$\frac{d}{dt}(v_f-v_{p,i})=-\frac{dv_{p,i}}{dt}=-a_i \tag{2-31}$$

代入式(2-14)，则视质量力为：

$$F_{m,i}=-\frac{2}{3}\pi\cdot r_p^3\rho_f a_i \tag{2-32}$$

26

（3）巴西特加速度力

当磨料的黏性流体中做直线变速运动时,将受到巴西特力 F_B 的影响,故巴西特力与磨料加速历程有关。

计算到第 i 步时,则:

$$t_{p,i} = i\Delta t \tag{2-33}$$

$$\tau = \Delta t \tag{2-34}$$

设 $t_{p0}=0$,将式(2-32)和式(2-33)代入式(2-17),可得:

$$C_i = \int_{t_{p0}}^{t_p} \frac{1}{\sqrt{t_p - \tau}} \Big[\frac{\mathrm{d}}{\mathrm{d}t}(v_f - v_p) \Big] \mathrm{d}\tau$$

$$= -\sum_{n=1}^{n=i-1} \frac{1}{\sqrt{i\Delta t - n\Delta t}} a_i \Delta t \tag{2-35}$$

则:

$$F_B = C_i K_B \sqrt{\pi \mu \rho_f}\, r_p^2 \tag{2-36}$$

2.2.3　计算结果分析

（1）加速过程及受力分析

计算过程中相关参数如表 2-2 所列。

表 2-2　高压管道内磨料加速计算参数

名称	参数
流量	50 L/min
管道直径	20 mm
磨料类型	陶粒
磨料目录	20 目
磨料视密度	2.7 g/cm³
水的动力黏度	1.14×10⁻³ Pa·s（环境温度为 15 ℃）
时间步长	0.000 02
总步数	20 000

由式(2-25)可得, $v_{f,i}=2.65$ m/s。

令 $v_{p,0}=0$,首先将相关参数代入迭代程序,然后进行计算。磨料速度随位移变化如图 2-6 所示。

由图 2-6 可以看出,磨料加速 0.2 m 后,其速度已经达到水相速度的 88.5%;在加速 0.8 m 后,其速度已经达到水相速度的 92.6%;其后磨料依然处于加速状态,速度无限接近于水相的速度。

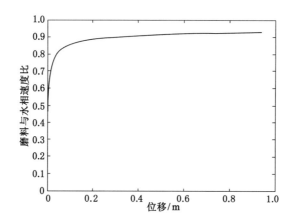

图 2-6　高压管道内磨料与水相速度比分布图

在加速过程中,各力的大小如图 2-7 所示。

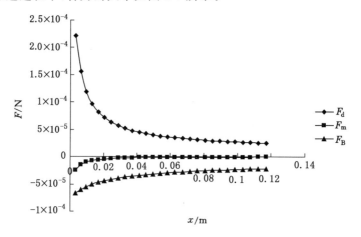

图 2-7　高压管道内磨料受力分布图

由图 2-7 可知,在高压管道中加速时,阻力 F_d 与磨料加速度方向一致,在加速过程中起到主要作用;然而视质量力、巴西特力均与加速度方向相反,起到阻碍加速的作用。

由式(2-14)及式(2-17)可知,当水相加速度为零时,视质量力与巴西特力均与磨料加速度方向相反。

随着磨料不断被加速,视质量力迅速衰减渐,并逐渐趋近于零。随着磨料的加速,阻力和巴西特力也在逐渐衰减。由于二者方向相反,所以二者之差逐渐减小,磨料加速度也逐渐减小,但磨料和水相的速度依然在无限的接近。

(2) 磨料性质对加速的影响

图 2-8 为磨料粒径对磨料加速的影响。

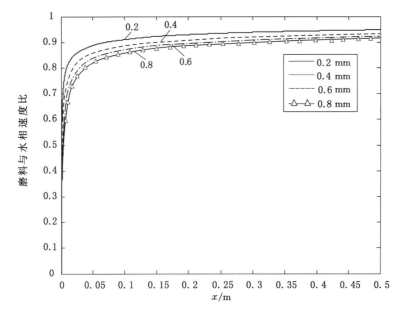

图 2-8　高压管道内不同粒径的磨料加速对比曲线

由图 2-8 可知,随着磨料粒径的增加,磨料加速度减小。因为在高压管道中起主要作用的是阻力,其次是巴西特力,视质量力起到的作用比较小。实验表明,高压管道中水相的速度较低;由 2.1.1 节可知,阻力与 r_p 成正比。由式(2-17)可知,巴西特力 F_B 与 r_p^2 成正比,而磨料的质量与 r_p^3 成正比。因此,当磨料粒径增加时,磨料的加速度会减小。

随着位移的增加,不同粒径的磨料颗粒之间的速度差逐渐缩小,这是由于前期粒径小的颗粒加速较快。但是,磨料的速度越接近水相的速度,其受到的力越小。尽管大颗粒的磨料经过前期加速,但其速度依然不大,故此时受到的动力较大,其加速度也较大,并且与小颗粒磨料的速度差进一步缩小。

由图 2-9 可知,随着磨料密度的增加,磨料加速度逐渐减小。随着位移的

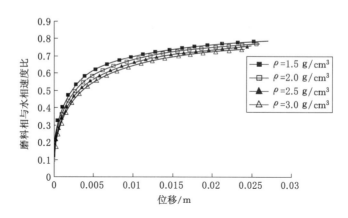

图 2-9　高压管道内不同密度的磨料加速对比曲线

增加,不同密度的磨料颗粒之间的速度差逐渐缩小,这是由于密度小的颗粒前期加速较快,随着磨料速度与水相速度的接近,其受到的力迅速减小。但是,密度较大的磨料经过前期加速,其速度与水相之间依然存在一定的差距,故此时受到的动力较大,其加速度也较大,并且与密度小的磨料之间的速度差进一步缩小。

2.3　磨料在喷嘴内的加速机理

磨料在高压管道中进行一次加速,由于高压管内流速较低,磨料获得的动能不大,因此磨料的主要加速过程是在喷嘴内完成的。目前,被广泛应用的圆锥收敛型喷嘴,具有加工简单、加速性能良好的特点,如图 2-10 所示。

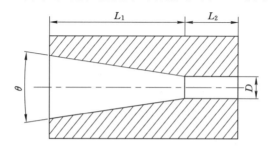

图 2-10　喷嘴结构示意图

其假设条件与前文一致，在此不在赘述。

2.3.1 受力分析

磨料在喷嘴内除了受到阻力 F_d、视质量力 F_m 和巴西特力 F_B 的影响以外，在收敛段，由于压强梯度的存在，磨料还会受到压强梯度力 F_p 的影响。

2.3.2 运动方程的建立及差分选代算法分析

在直线段，喷嘴断面积不变，故水相平均速度不变。磨料在直线段的受力情况与高压管道中一样，详见 2.2 节，在此不再赘述。

以上研究表明，磨料在高压管道中加速时，主要受到阻力、视质量力、巴西特力的作用。由式(2-3)、式(2-14)、式(2-17)、式(2-20)可知，在高压管道中磨料受到的合力为：

$$
\begin{aligned}
F_p &= F_d + F_m + F_B \\
&= C_D \frac{1}{2} \rho_f |v_f - v_p| (v_f - v_p) S + \frac{2}{3} \pi \cdot r_p{}^3 \rho_f \frac{d}{dt}(v_f - v_p) + \\
&\quad K_B \sqrt{\pi \mu \rho_f}\, r_p{}^2 \int_{t_{p0}}^{t_p} \frac{1}{\sqrt{t_p - \tau}} \left[\frac{d}{dt}(v_f - v_p)\right] d\tau - \left(\frac{4}{3} \pi r_p{}^3\right) \frac{\partial p}{\partial x}
\end{aligned} \quad (2\text{-}37)
$$

由牛顿第二定律可知：

$$
F_p = m_p \frac{dv_p}{dt} \quad (2\text{-}38)
$$

联立式(2-37)和式(2-38)，等式两边均含有磨料速度 v_p，且 C_D 等系数也与磨料速度 v_p 有关。C_D 随着 Re 的变化无规律遵循，难以用一个公式来精确拟合，故采取差分原理结合迭代算法对运动方程进行求解。

根据假设，则收敛段内水相的流速为：

$$
v_{f,i} = \frac{L}{\pi r_{p,i}{}^2} \quad (2\text{-}39)
$$

式中　L——射流流量；

　　　$r_{p,i}$——当前收敛段半径。

根据三角函数关系可知：

$$
r_{p,i} = 0.5D + (L_1 - s_i) \tan \frac{\theta}{2} \quad (2\text{-}40)
$$

设计算到第 $i+1$ 步时磨料运动的位移为 s_{i+1}，则：

$$
s_{i+1} = s_i + v_{p,i+1} \Delta t \quad (2\text{-}41)
$$

计算到第 $i+1$ 步时磨料的速度为：

$$v_{p,i+1} = v_{p,i} + a_i \Delta t \tag{2-42}$$

计算到第 $i+1$ 步时磨料的加速度为：

$$a_i = \frac{F_{p,i}}{m_p} \tag{2-43}$$

其中，$F_{p,i}$是阻力、视质量力、巴西特力、压强梯度力之和。下面对 4 个力分别求解：

（1）压强梯度力

压强梯度力是压强梯度引起的附加压强分布不均匀形成的力。由式（2-20）可知，$\frac{\partial p}{\partial x}$为该力的关键参数。图 2-11 为压强梯度变化图。

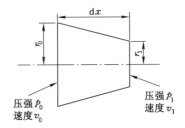

图 2-11 喷嘴收敛段内压强变化示意图

由质量守恒定律得：

$$\pi r_0{}^2 v_0 = \pi r_1{}^2 v_1 \tag{2-44}$$

则：

$$v_1 = v_0 \left(\frac{r_0}{r_1}\right)^2 \tag{2-45}$$

在喷嘴内，压能和动能变化很大。由于喷嘴长度较短，重力势能变化不大，重力势能变化可忽略不计。由伯努利方程得：

$$p_0 + \frac{1}{2}\rho_f v_0^2 = p_1 + \frac{1}{2}\rho_f v_1^2 \tag{2-46}$$

联立式（2-45）和式（2-46），则：

$$p_0 - p_1 = \frac{1}{2}\rho_f v_0{}^2 \left(\frac{r_0}{r_1} - 1\right)\left(\frac{r_0}{r_1} + 1\right)\left[\left(\frac{r_0}{r_1}\right)^2 + 1\right] \tag{2-47}$$

喷嘴收敛角为 θ，由三角函数可知：

$$r_1 = r_0 - \mathrm{d}x \cdot \tan\frac{\theta}{2} \tag{2-48}$$

由式（2-48）可知：

$$\frac{r_0}{r_1} - 1 = \frac{\mathrm{d}x \cdot \tan \dfrac{\theta}{2}}{r_0 - \mathrm{d}x \cdot \tan \dfrac{\theta}{2}} \tag{2-49}$$

由于 $\mathrm{d}x$ 相对于 r_0 为无穷小,且对喷嘴而言,$\tan \dfrac{\theta}{2} < 1$,故式(2-49)可近似写成:

$$\frac{r_0}{r_1} - 1 \approx \frac{\mathrm{d}x \cdot \tan \dfrac{\theta}{2}}{r_0} \tag{2-50}$$

同理:

$$\frac{r_0}{r_1} + 1 \approx 2 \tag{2-51}$$

$$\left(\frac{r_0}{r_1}\right)^2 + 1 \approx 2 \tag{2-52}$$

将式(2-50)至式(2-52)代入式(2-47),有:

$$p_0 - p_1 = \frac{\rho_{\mathrm{f}} v_0{}^2 \mathrm{d}x \cdot \tan \dfrac{\theta}{2}}{2r_0} \tag{2-53}$$

而在喷嘴内,有:

$$\frac{\partial p}{\partial x} = \frac{p_1 - p_0}{\mathrm{d}x} \tag{2-54}$$

联立式(2-53)和式(2-54),有:

$$\frac{\partial p}{\partial x} = -\frac{\rho_{\mathrm{f}} v_0^2 \tan \dfrac{\theta}{2}}{2r_0} \tag{2-55}$$

将式(2-55)代入式(2-20),可知:

$$F_{\mathrm{p}} = \frac{4}{3} \pi r_{\mathrm{p}}{}^3 \frac{\rho_{\mathrm{f}} v_0^2 \tan \dfrac{\theta}{2}}{2r_0} \tag{2-56}$$

根据物理含义,在迭代算法中,式(2-56)可表示为:

$$F_{\mathrm{p},i} = \frac{4}{3} \pi r_{\mathrm{p}}{}^3 \frac{\rho_{\mathrm{f}} v_{\mathrm{f},i}{}^2 \tan \dfrac{\theta}{2}}{2r_{\mathrm{p},i}} \tag{2-57}$$

(2) 阻力计算

所谓阻力,是指颗粒在静止流体中做匀速运动时流体作用于颗粒上的力。如果来流是完全均匀的,那么颗粒在静止流体中运动所受的阻力与运动着的流

体绕球体流动作用于静止颗粒上的力是相等的。该力的大小与雷诺数有着密切的关系。雷诺数计算公式为:

$$Re_i = \frac{2r_p\rho_f |v_{f,i} - v_{p,i}|}{\mu} \tag{2-58}$$

C_D 是阻力计算中的关键参数,该参数选取的精度直接影响阻力计算的结果。其计算方法见 2.2 节,在此不再赘述。计算出 $C_{D,i}$,代入式(2-3),则阻力计算式如下:

$$F_{d,i} = C_{D,i} \frac{1}{2}\rho_f |v_{f,i} - v_{p,i}| (v_{f,i} - v_{p,i})S \tag{2-59}$$

(3) 视质量力

前面已经指出,当球形颗粒在静止、不可压缩、无限大、无黏性流体中做匀速运动时,颗粒所受的阻力为零。但当颗粒在无黏流体中做加速运动时,它要引起周围流体做加速运动(注意:这不是流体黏性作用带动的,而是颗粒推动流体运动的),由于流体有惯性,表现为对颗粒有一个反作用力。

对于十分稀疏的液-固两相流,有[8]:

$$-\frac{\partial p}{\partial x} = \rho_f \frac{dv_{f,i}}{dt} \tag{2-60}$$

将式(2-55)代入式(2-60),可得:

$$\frac{dv_{f,i}}{dt} = \frac{v_{f,i}^2 \tan\dfrac{\theta}{2}}{2r_0} \tag{2-61}$$

将式(2-61)代入式(2-14),则视质量力为:

$$F_{m,i} = \frac{2}{3}\pi \cdot r_p^3 \rho_f \left(\frac{v_{f,i}^2 \tan\dfrac{\theta}{2}}{2r_0} - a_i \right) \tag{2-62}$$

(4) 巴西特加速度力

当颗粒在黏性流体中做直线变速运动时,颗粒附面层的影响将带着一部分流体运动。由于流体有惯性,当颗粒加速时,它不能立刻加速;当颗粒减速时,它不能立刻减速。这样,由于颗粒表面的附面层不稳定,使颗粒受一个随时间变化的流体作用力,而且与颗粒加速历程有关。

计算到第 i 步时,有:

$$t_{p,i} = i\Delta t \tag{2-63}$$

$$\tau = \Delta t \tag{2-64}$$

设 $t_{p0} = 0$,将式(2-32)和式(2-33)代入式(2-17),可得:

$$C_i = \int_{t_{p0}}^{t_p} \frac{1}{\sqrt{t_p - \tau}} \left[\frac{\mathrm{d}}{\mathrm{d}t}(v_f - v_p) \right] \mathrm{d}\tau$$

$$= \sum_{n=1}^{n=i-1} \frac{1}{\sqrt{i\Delta t - n\Delta t}} \cdot \left(\frac{v_{f,i}^2 \tan \frac{\theta}{2}}{2r_0} - a_i \right) \Delta t \qquad (2\text{-}65)$$

则：

$$F_B = C_i K_B \sqrt{\pi \mu \rho_{mf}} \, r_p^2 \qquad (2\text{-}66)$$

2.3.3　计算结果分析

（1）加速过程及受力分析

计算过程中相关参数如表 2-3 所列。

表 2-3　喷嘴内磨料加速计算参数

名称	参数
流量	50 L/min
管道直径	20 mm
磨料类型	陶粒
磨料目数	20 目
磨料视密度	2.7 g/cm³
水的动力黏度	1.14×10⁻³ Pa·s（环境温度为 15 ℃）
时间步长	0.000 02
总步数	20 000
喷嘴直径	3 mm
收敛角	14°
收敛段长度	23 mm
直线段长度	11 mm

　　根据 2.2 节的计算方法,得出磨料在管道内加速后的最终速度,将其作为喷嘴入口处磨料的初始速度,并将图 2-3 的相关参数输入迭代程序计算,所得的磨料与水相的速度随位移的变化关系如图 2-12 所示。

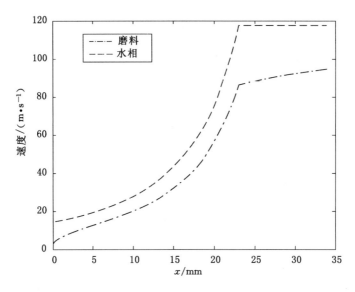

图 2-12　喷嘴内磨料与水相的速度对比曲线

由图 2-12 可以看出,磨料主要是在收敛段进行加速。在收敛段的前半段,其截面积较大,水相速度不算太高,磨料加速不太明显;在收敛段的后半段,其截面积较小,水相速度得到很大的提高,磨料加速明显。

图 2-13 为喷嘴内磨料与水相的速度比随位移的变化关系。由图 2-13 可知,位移在收敛段 10 mm 前,磨料与水相的速度迅速接近,表明磨料的加速度大

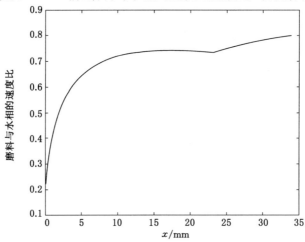

图 2-13　喷嘴内磨料与水相的速度比分布图

于水相的加速度。在喷嘴进口处,水相速度提升较快,但磨料依然保持着在高压管道内的速度;在收敛段的前半段,过流面积变化趋势缓慢是水相速度加速较小的缘故。在收敛段 10 mm 后,磨料与水相的速度比增长缓慢,甚至在收敛段15 mm 后,速度比有所下降。因为在收敛段的后半段,水相速度增加迅速,磨料速度无法迅速跟上,所以在收敛段15 mm后它们的速度比有所下降。

图 2-14 为喷嘴收敛段内阻力、视质量力、巴西特力、压强梯度力随位移的变化关系。由图 2-14 可知,阻力、视质量力、巴西特力、压强梯度力在收敛段均起到加速的作用,其中压强梯度力起到主要的作用。

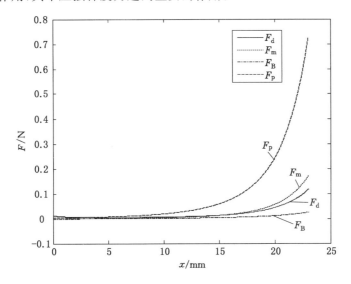

图 2-14　喷嘴收敛段内磨料受力分布图

图 2-15 为喷嘴直线段内阻力、视质量力、巴西特力随位移变化的关系图。由图 2-15 可知,在直线段加速时,阻力与磨料加速度方向一致,在加速过程中起到主要的作用;而视质量力、巴西特力均与加速度方向相反,起到阻碍加速的作用,且阻力比视质量力及巴西特力大得多。由式(2-14)和式(2-17)可知,当水相加速度为零时,视质量力与巴西特力均与磨料加速度方向相反。由式(2-3)可知,阻力与磨料和水相的速度之差有关,故随着磨料的加速,阻力明显减小。由式(2-14)和式(2-17)还可以看出,视质量力、巴西特力与磨料的加速度有关,而在直线段内磨料的加速度变化不大,故视质量力与巴西特力变化不大。

(2)喷嘴参数对加速过程的影响

针对圆锥收敛型喷嘴,本书研究了喷嘴直线段长度、收敛段长度、收敛角对

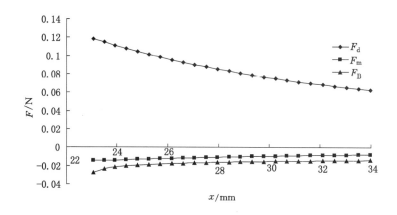

图 2-15　喷嘴直线段内磨料受力分布图

磨料加速的影响。在流量为 50 L/min、喷嘴收敛角为 14°以及收敛段为 14 mm、
23 mm 的条件下,喷嘴出口处磨料与水相速度比随直线段长度变化关系
如图 2-16 所示。

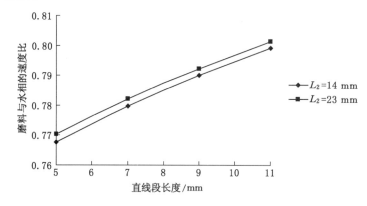

图 2-16　喷嘴出口处两相速度比随直线段长度的变化关系

由图 2-16 可知,当收敛段为 14 mm、直线段从 5 mm 变为 11 mm 时,喷嘴出
口处磨料与水相的速度比从 0.768 变为 0.799;当收敛段为 23 mm、直线段从
5 mm 变为11 mm 时,喷嘴出口处磨料与水相的速度比从 0.770 变为 0.801。研
究表明,当直线段从 5 mm 变为 11 mm 时,磨料加速依然较为明显。因为直线
段内水相速度达到极限,而磨料经过收敛段加速后与水相之间依然存在较大的
差距,故适当加长直线段长度有益于磨料加速。但在直线段内水相速度较快,导
致直线段的沿程阻力也比较明显,且磨料与水相的速度越接近,其加速效果越

差,故直线段的长度也不是越长越好。

在流量为 50 L/min、喷嘴收敛角为 14°以及直线段为 5 mm、7 mm、9 mm、11 mm 的条件,喷嘴出口处磨料与水相的速度比随收敛段长度的变化关系如图 2-17 所示。

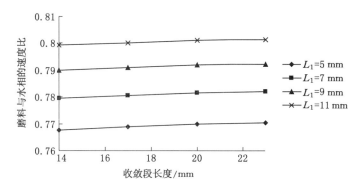

图 2-17 喷嘴出口处两相速度比随收敛段长度的变化关系

由图 2-17 可知,当直线段为 5 mm、收敛段从 14 mm 变为 23 mm 时,喷嘴出口处磨料与水相的速度比从 0.768 变为 0.770;当直线段为 11 mm、收敛段从 14 mm 变为 23 mm 时,喷嘴出口处磨料与水相的速度比从 0.800 变为 0.801。研究结果表明,当收敛段从 14 mm 变为 23 mm 时,喷嘴出口磨料速度变化不明显。因为收敛段加长的部分,其截面积较大,水相的速度较低,对磨料的加速不明显。虽然增长收敛段对磨料加速效果不明显,但收敛段长度过短,将导致喷嘴进口尺寸较小,高压管与喷嘴连接处流道产生突变,造成较大的局部阻力,影响磨料的加速。

在流量为 50 L/min、直线段为 5 mm 以及收敛段为 14 mm 的条件下,我们开展了喷嘴收敛角对磨料加速影响的研究。

图 2-18 是在流量一定、忽略了喷嘴进口处因流道突变产生的局部阻力的条件下进行测试的对比曲线。由图 2-18 可知,当收敛角变小时,喷嘴出口处磨料速度变大。研究结果表明,当收敛角较小时,磨料加速过程较为圆滑;当收敛角较大时,磨料在收敛段前半段加速较为缓慢,在收敛段后半段急剧加速。但是,当收敛角较小时,为了使喷嘴入口处流道不产生急剧突变,从而减小局部阻力,应使喷嘴进口截面积与高压管道截面积相差不大,这就需要在减小喷嘴收敛角的同时加长喷嘴收敛段的长度。为了兼顾以上提到的几个因素,可以将喷嘴收敛段分为若干段,使喷嘴进口处收敛角稍大,而越接近直线段,收敛角就越小;还

可以在缩短收敛段长度的同时,减小喷嘴入口的局部阻力,使得磨料加速较为平滑。

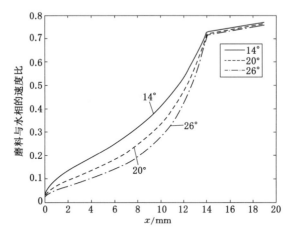

图 2-18　不同收敛角的喷嘴两相速度比分布对比曲线

（3）磨料性质对加速的影响

针对圆锥收敛型喷嘴,本书研究了磨料密度及粒径对磨料加速的影响。在流量为 50 L/min、喷嘴收敛角为 14°、收敛段长度 23 mm、直线段长度 11 mm 的条件下,磨料的密度对磨料加速的影响如图 2-19 所示。

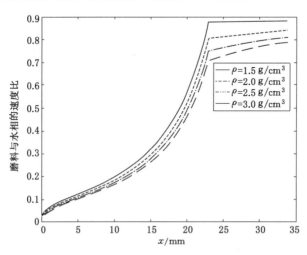

图 2-19　不同密度的磨料喷嘴内两相速度分布对比曲线

由图 2-19 可以看出,在收敛段的末端,密度为 1.5 g/cm³ 的磨料在喷嘴出口处与水相的速度比为 0.882,密度为 3.0 g/cm³ 的磨料在喷嘴出口处与水相的速度比为 0.788。在喷嘴出口处,密度为 1.5 g/cm³ 的磨料与水相的速度比为 0.879,密度为 3.0 g/cm³ 的磨料与水相速度比为 0.709。研究结果表明,在收敛段内,磨料的密度对磨料的加速影响较大,密度越小,则加速度越大;而在直线段内,密度越小,则加速度越小。在收敛段内,由于磨料主要受到压强梯度力的影响,磨料和水相的速度差对该力无影响,所以对于粒径相同的磨料,受到的力是相同的,磨料的密度越小,加速度就越大。而在直线段内,由于磨料主要受阻力的影响,磨料和水相的速度差对阻力影响较大,所以磨料和水相的速度越接近,磨料受到的阻力越小。密度较小的磨料在收敛段内加速较快,进入直线段时具有较高的速度,故在直线段内加速反而较慢。因此,经过直线段内的加速,磨料的密度对加速的影响逐渐缩小,密度为 1.5 g/cm³ 的磨料在喷嘴出口处与水相的速度比为 0.882,密度为 3.0 g/cm³ 的磨料在喷嘴出口处与水相的速度比为 0.788。

在流量为 50 L/min、喷嘴收敛角为 14°、收敛段长度 23 mm、直线段长度 11 mm 的条件下,磨料的粒径对磨料加速的影响如图 2-20 所示。

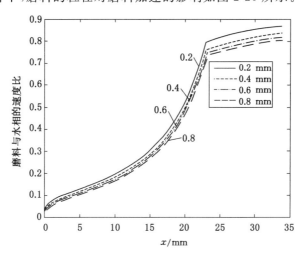

图 2-20　不同粒径的磨料喷嘴内两相速度分布对比曲线

由图 2-20 可知,在收敛段末端,粒径为 0.2 nm 的磨料其速度达到水相的 79.6%,粒径为 0.8 mm 的磨料其速度达到了水相的 73.5%;而在喷嘴出口处,粒径为 0.2 mm 的磨料其速度达到的水相的 86.9%,粒径为 0.8 mm 的磨料其速度达到了水相的 80.4%。研究表明,在收敛段内,磨料粒径越小,加速度就越大,但不如磨料密度对磨料加速的影响;而在直线段内,磨料粒径对磨料加速影响不大。在收敛段内,磨料主要受到压强梯度力的影响,磨料和水相的速度差对压强梯度力无影响,压强梯度力与 r_p' 成正比,而磨料的质量与 r_p 成正比,因此收敛段内压强梯度力对不同粒径的磨料加速影响不大,主要受其他次要力的影响;同时,在次要力中,视质量力也与 r_p^3 成正比,视质量力对不同粒径的磨料加速影响不大。由于阻力和巴西特力与 r_p^2 成正比,故粒径小的颗粒加速度较大。

综上所述,在收敛段内,磨料粒径越小,加速度就越大,但不如磨料密度对磨料加速的影响大;在直线段内,阻力对磨料的加速影响最大,阻力与 r_p^2 成正比,粒径小的磨料加速度较大,但磨料与水相的速度越接近,系数 C_D 就越小。总之,在直线段,磨料粒径对磨料加速影响不大。

2.4 本章小结

本章在分析了磨料在高压管道及喷嘴内的受力情况的基础上,建立了磨料在高压管道及喷嘴内的运动方程及差分模型,可利用迭代算法进行求解;通过该算法,获得了磨料在高压管道及喷嘴内部加速的全过程,并对加速过程中各类力的大小进行了对比分析;利用该算法计算不同结构的喷嘴在出口处磨料的速度,并进行对比分析。本章主要结论如下:

(1) 通过分析磨料在高压管道及喷嘴内的受力,建立了磨料在高压管道内的运动方程,并提出了解该类方程的迭代算法。其中,阻力分析的关键参数——阻力系数采用了实时对比的插值法,极大地提高了计算精度。

(2) 通过建立的迭代算法计算磨料的高压管道内的加速过程。研究结果表明,在加速过程中,磨料主要受到阻力、视质量力、巴西特力的影响。其中,阻力与加速度方向一致,而视质量力和巴西特力均与加速度方向相反,且阻力在加速过程中占主要地位。粒径为 20 目的陶粒在速度为 2.65 m/s 水相中加速 0.8 m 即可达到了水相速度的 92.6%。

(3) 通过建立的迭代算法计算磨料在喷嘴内的加速过程。在直线段内,磨料的加速过程与在高压管内极为相似;在收敛段内,磨料主要受到阻力、视质量力、压强梯度力和巴西特力的影响。这 4 个力的影响从大到小依次为:压强梯度力、视质量力、阻力和巴西特力,且均与磨料加速方向一致。

(4) 在流量一定的条件下研究喷嘴结构对磨料加速的影响。研究结果表明,当收敛段为 23 mm、直线段从 5 mm 变为 11 mm 时,喷嘴出口处磨料与水相的速度比从 0.770 变为 0.801,说明在一定范围内增加直线段的长度有助于提高磨料在喷嘴出口的速度;当直线段为 11 mm、收敛段从 14 mm 变为 23 mm 时,喷嘴出口处磨料与水相的速度比从 0.800 变为 0.801,说明在一定范围内增加收敛段的长度对于磨料加速无明显的影响。研究结果还表明,当收敛角较小时,磨料加速过程较为圆滑;当收敛角较大时,磨料在收敛段前半段加速较为缓慢,在收敛段后半段急剧加速,影响加速效果。

3

前混合磨料射流磨料速度场测试

众所周知,前混合磨料射流磨料的打击力主要是磨料提供的,而打击力的大小与磨料的速度密切相关。研究前混合磨料射流速度场,对磨料加速机理是一种有力的证明,同时为前混合磨料冲蚀机理的研究提供基本参数。目前,国内外部分学者对磨料速度场进行了一些测试研究,如 Swanson 等[40]和 Miller 等[41]采用两个电磁感应线圈,对后混合准直管中磨料颗粒的运动过程进行了测量。该研究方法只能测量磨料颗粒在某一长度段内的平均速度,但测不出颗粒在准直管内的径向位置。Stevenson[48]和 Liu 等[49]利用旋转双盘技术来测量磨料颗粒和流体的速度。该研究方法可以同时测量液-固两相的平均速度,但测不出两相的速度分布,并且测量精度与刻痕角度的测量密切相关。Momber 等[50]根据冲击动量关系,将射流冲击力对时间积分,得到射流速度与射流冲击力之间的关系式,其操作简单,但只能测量射流速度或穿透工件以后的射流速度。

基于以上研究,本章采用 3DPIV 技术结合自主编程设计的磨料粒子中心识别程序,开展磨料射流磨料速度场测试,并对喷嘴结构参数对磨料速度场的影响进行分析。

3.1 实验设备及实验方法

3.1.1 实验设备

实验装置连接如图 3-1 所示。

具体实验装置包括:

① BRW200/31.5 型防爆高压乳化液泵站,如图 3-2 所示:流量为

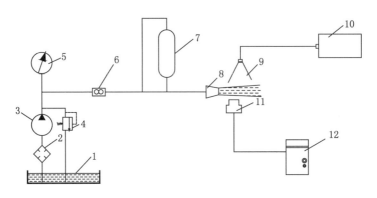

1—水箱;2—过滤网;3—柱塞泵;4—溢流阀;5—压力表;6—流量计;

7—磨料罐;8—喷嘴;9—激光;10—激光发生器;11—CCD相机;12—计算机。

图 3-1　测试系统装置连接示意图

200 L/min,公称压力为31.5 MPa,水管全部采用耐高压的高压水管,其最大压力可达35 MPa(高压水管)。

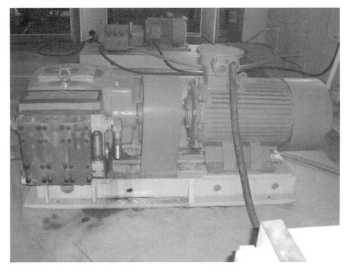

图 3-2　BRW200/31.5 型防爆高压乳化液泵站

② 实验搭载平台为四维水射流测试平台,如图 3-3 所示。该实验台采用自行研发和设计,笔者参与了该实验台的全程搭建工作。

③ 激光器型号:PIV00461;输出能量:2×120 mJ/Pulse;脉冲频率:15 Hz。

图 3-3　四维水射流测试平台

④ 光臂及片光源镜头组型号,如图 3-4 所示:610015-SOL;总长 1.8 m,7 关节;球面镜:500 mm 焦距;柱面镜:−25 mm 焦距(对应于发散角 25°)。

图 3-4　光臂及片光源镜头组

⑤ 同步器型号:610034,提供一对 FlashLamp 和 Q-swithch 信号,控制激光器,延时精度为 15 ns,同步控制系统如图 3-5 所示。

⑥ CCD 相机型号:630057;分辨率:1 600×1 200;帧率:32 帧/s;最短跨帧

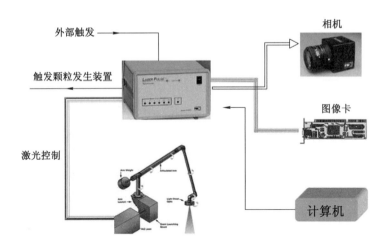

图 3-5　同步控制系统

时间:200 ns;Nikon 50 mm/F1.8 镜头;相机尺寸:45 mm×68 mm×66 mm;质量:0.8 kg。

　　⑦ 3DPIV/GSV 数据采集、处理软件。型号:INSIGHT3G-SEC;数量:1 套。

　　⑧ 压力表、流量计等其他测试仪器。

3.1.2　实验方法

　　粒子图像测速是基于散斑照相,并伴随激光技术、计算机技术、高速摄影技术和图像处理技术的发展而提出的新型高精度非接触全场流速测量技术,它通过测量流场中示踪粒子的运动而获得流场速度分布。

　　粒子跟踪测速技术(particle tracking velocimetry,PTV)的产生和发展具有深刻的工程应用背景,首先是测量瞬态流场分布的需要,比如内燃机燃烧、飞机起飞、火箭发射等;其次是了解流场空间结构的需要,在同一时刻记录下整个流场信息才能看到流场的空间结构,比如湍流等。

　　当流场中粒子浓度极低时,有可能识别和跟踪单个粒子的运动,从记录的粒子图像中测得单个粒子的速度,这种粒子浓度极低的粒子图像测速技术称为粒子跟踪测速技术。当流场中粒子浓度极高时,粒子图像在成像系统的像面上相互干涉而形成散斑图像,此时散斑已掩盖了真实的粒子图像,底片记录的是散斑位移,这种粒子浓度极高的粒子图像测速技术称为激光散斑测速技术(laser speckle velocimetry,LSV)。通常所说的粒子图像测速技术(PIV)指的是粒子浓度较高,但在成像系统的像面上并未形成散斑图像,仍然是真实的粒子图像,此时这些粒子已无法识别或跟踪,底片分析只能获得判读区域中多个粒子图像的位移统计平均值。由于 PIV 获得的数据较少,因此 PIV 在获得流速数据之后,还需要进行插值处理。

目前,PIV 已经广泛应用于各种流场测量,从定常流动到非定常流动、从低速流动到高速流动和从单相流动到多相流动等。

(1)PIV 的特点

① 非接触式速度测量。与使用探针(如压力管或热线)技术测量流速相比,PIV 为非接触的光学技术。这样即使是具有冲击的高速流动或近壁的边界层流动,仍然可以使用 PIV 进行测量,而使用探针将会干扰流动本身。

② 间接速度测量。PIV 是通过测量实验中流动的示踪粒子速度来间接测量流体微元速度的。对于两相流动,粒子早已存在于流动中。在这种情况下,也可以测量粒子自身的速度以及流体流动的速度。

③ 整个领域技术。PIV 可以采集到气态和液态介质中流场大部分区域的图像,并且从这些图像中提取相应的速度场信息。

④ 速度滞后。在测量时由于需要使用示踪粒子,因此需要仔细检查每个实验中粒子是否跟随流体微元运动,至少要达到测量的要求。小粒子会更好地跟随流动。

⑤ 照明。对于气流,为了更好地曝光由光散射照亮的图像底片或传感器,需要高功率光源照亮微小的示踪粒子。然而,为了获得更好的光散射效率而采用较大的粒子,这与为了获得更好的流场跟随性而采用较小的粒子的要求是矛盾的,在绝大多数应用中需要进行折中选择。在液体流动中,通常使用较大的粒子,这样可以散射更多的光,因此可以使用较低峰值功率的光源。

⑥ 照明脉冲的持续时间。为了避免得到模糊的图像("无纹线"),照明光脉冲的持续时间必须足够短,以确保"冻结"住粒子在脉冲曝光中的运动。

⑦ 照明脉冲间隔的时间延迟。照明脉冲间隔的时间延迟必须足够长,才可以在足够的分辨率下确定示踪粒子图像间的位移;同时,该时间间隔也必须足够短,从而避免粒子在后续曝光中离开片光源平面,进而产生平面外的法向速度分量。

(2)PIV 测速原理

PIV 是光学测速技术的一种,它利用激光成像技术瞬时测量流场中多点的速度值,从而获得流场中一个面(激光片光源照亮平面)内的速度场(二维或三维速度)以及某一瞬时整个流动的信息。图 3-6 为 PIV 基本工作原理图。

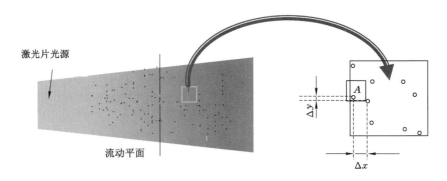

图 3-6　PIV 基本工作原理

脉冲激光束经柱面镜和球面镜组成的光学系统形成很薄的片光源（约 2 mm 厚）。在 t_1 时刻用它照射流动的流体，形成很薄且明亮的流动平面，该流面内随流体一同运动的粒子散射光线，用垂直于该流面放置的相机记录流场内流面上粒子的图像；在 t_2 时刻重复上述过程，得到该流面上第二张粒子图像。对比两张照片，识别出同一粒子在两张照片上的位置，测量在该流面上粒子移动的距离（图 3-7），则粒子移动的平均速度为：

$$u_x = \frac{x_2 - x_1}{t_2 - t_1} \tag{3-1}$$

$$u_y = \frac{y_2 - y_1}{t_2 - t_1} \tag{3-2}$$

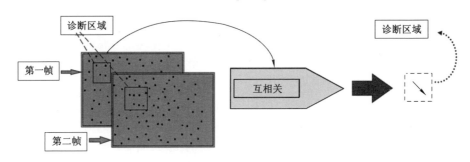

图 3-7　互相关算法

PIV 图像处理算法是通过跨帧相机记录了若干个时间间隔为 Δt 的粒子图像对，一般使用互相关的方法从图像对中提取粒子位移信息。首先将图像划分为 $I \times J$ 个查询区，每个查询区图像具有 $M \times N$ 像素。对于每一个查询区，求两幅图像在像素偏移（Δp_x，Δp_y）时的相关系数，在一定范围内寻找其相关系数最大处,对应的像素偏移量$(\Delta p_x, \Delta p_y)\max$就是该查询区的粒子位移。

（3）PIV系统组成

PIV测速系统主要由反映流场特性的示踪粒子、照射待测区域的激光光源、记录粒子图像的图像采集系统、协调粒子图像采集的同步控制器和分析粒子图像的图像处理系统等组成。

① 示踪粒子。采用粒子图像测速技术进行流速测量时,需要在流场中撒布跟随性和散射性良好且密度与流体相当的示踪粒子。示踪粒子直接反映流场特性,它的选取及使用是粒子图像测速技术的关键。示踪粒子除要求无毒、无腐蚀、无磨蚀、化学性质稳定及清洁等要求外,选择和使用示踪粒子必须遵循以下准则:示踪粒子必须具有良好的跟随性/跟流性和良好的散射性/散光性,并且浓度要适当。

在选取粒子时需要综合考虑以下各种因素:粒子的密度尽量等于流体的密度,粒子的直径要在保证散射强度的前提之下尽可能小,浓度要合适,粒子具有高的跟随速度和低的沉降速度。在非定常流的测量中,粒子的跟随速度和沉降速度要根据实际情况不断调整。目前,常用的示踪粒子有很多种,适用于水的示踪粒子有荧光粒子、表面镀银的空心玻璃球粒子、乳化泡粒子和液晶粒子等;适用于气体的有粉末粒子、二氧化钛粒子和雾化油滴等。

② 激光光源。粒子图像测速所用的激光光源有一定的要求:首先,功率要高,片光要能照亮流场,使所研究的流场区域内粒子的散射光有足够的散射强度,以便记录到清晰的粒子图像;其次,能形成脉冲激光光片,利用脉冲片光将两个瞬时的流场记录下来;再次,激光能量、脉冲间隔应能随流场速度及其分辨率的不同进行调节;最后,激光波长也是需要考虑的重要因素,短波比长波更能增加粒子图像的平均强度,尤其对于采用底片作为记录介质的粒子图像测速系统,因为与红光相比底片感光材料对蓝绿光更敏感。

激光光源通常分两类:一类是连续激光,连续激光光源前需要附加机械式或光电式频闪装置,氩离子激光器发出的是连续光,通常用于低速液态流场的测量;另外一类是脉冲激光,这种激光器每个振荡器和放大器都可分别触发,可无限小地控制激光脉冲间隔和单独调节单个激光脉冲的能量。一般在PIV系统中采用2台脉冲激光器,采用外同步控制装置来分别触发激光器以产生脉冲。

粒子图像测速需要采用激光片光照射,激光脉冲的片光由柱面镜和球面镜联合产生,准直光束通过柱面镜后形成激光片光,同时球面镜用于控制片光的厚度。

③ 图像采集。图像采集系统是PIV系统的关键部分,它包括高分辨率

CCD 相机和数据采集卡。CCD 的图像采集方式分为两类：一类是自相关（Auto-Correlation）模式，两个瞬时的粒子图像存储在相同帧存储器中；另一类是互相关（Cross-Correlation）模式，两个瞬时的粒子图像存储到不同帧存储器中。

④ 同步控制。同步控制器用来协调 PIV 系统各个部分的工作时序，由计算机进行控制，它控制脉冲发出和图像采集的顺序，通过内部产生周期性的脉冲触发信号，经过多个延时通道，同时产生多个经过延时的触发信号，用来控制激光器、CCD 相机和图像采集卡，使它们工作在严格同步的信号基础上，保证各部分按一定的时间顺序协调工作。计算机用于存储图像卡提供的图像数据，通过粒子图像测速系统软件可以实时完成速度场的计算、显示和存储。

⑤ 图像处理。PIV 拍摄得到的照片被分割成许多小的子区。关于子区有两个假设：一是假设在每个子区都有足够数量的粒子，二是假设在子区内所有粒子具有相同速度。每个子区包括许多粒子图像对，由于粒子位移比粒子间的空间距离要大得多，不可能明确指出单个粒子图像对，因此需要采用统计方法获得粒子图像位移。

PIV 处理的是一系列随时间变化的数字图像，对这些序列图像的处理主要采用相关方法。相关方法分为自相关法和互相关法。

a. 自相关分析。两次曝光的粒子图像记录在相同帧存储器中，相关区域有三个峰：一个中央自相关峰和旁边的两个互相关峰。互相关峰的位置对应粒子图像的位移。由于自相关法的对称性从而造成方向的二义性，速度方向不能自动判别，而且自相关法的速度测量范围小。进行自相关运算时，图像中的子区在自身图像中寻找其最大相似区域，相关处理两次曝光的粒子图像中的无效粒子被认为是相关处理中的背景噪声，影响识别的准确度。

b. 互相关分析。进行相关处理的两幅图像独立存在，互相关处理时图像中的子区在另一幅图像中寻找其最大相似区域，降低了相关处理的背景噪声，信噪比高，识别的准确度大大提高。互相关只有一个峰，因而可以自动判别速度方向。另外，互相关法的速度测量范围要比自相关法大得多。

尽管互相关分析需要相当大的计算量，但由于该分析容易实现高精度和高空间分辨率测量，而且快速充放电 CCD 相机和快速传递接口的出现，突破了对最大流速的测量限制，所以目前基于互相关分析的 PIV 系统已经成为市场上的主流产品。

与自相关分析相比，互相关分析具有如下优点：

• 空间分辨高。由于相关图像用的是两帧粒子图像，粒子浓度可以比自相关更浓，可用更小的查询区来获得更多的有效粒子对。

• 查询区的偏移量允许有更多的有效粒子对。

• 不需要像移装置。由于两帧图像的先后顺序已知,故不需要附加装置就可以判断粒子运动方向。

• 信噪比不同。由于自相关分析采用单帧多脉冲法拍摄的图像,对背景噪声也进行了叠加,因此其信噪比较差。然而,互相关分析采用多帧单脉冲法拍摄图像,从而也减少了背景噪声的相关峰值,提高了信噪比。

• 测量精度不同。由于自相关必须定位两个高峰的形心,并且互相关只要求定位一个高峰的形心,因此互相关的精度容易保证。

互相关分析的不足之处如下:

• 计算量很大,需要三次二维互相关计算。

• 可测量的最大速度受捕获硬件的限制。

• 时间分辨率受到限制。

(4) 磨料速度分析方法

为使得每个查询区域有较高的相关系数,需每个查询区内有 5～10 个示踪粒子,以反映查询区的平均速度。因为磨料颗粒较大,很难达到每个查询区达到 5～10 个示踪粒子,所以 PIV 自带的图像处理方法无法识别磨料的速度。

本书采用以下方法分析磨料速度:

① 对跨帧相机拍摄到的粒子图像对进行统计分析,得出磨料和水相所对应的像素的临界亮度值,低于该值的返回 0,大于或等于该值的返回 1,形成 0-1 矩阵的黑白照片。

② 获取粒子图像对中磨料图像的重心,代表磨料的位置[62-64]。

③ 根据磨料的重心,算出磨料粒子的位移。

④ 根据得到的粒子位移,除以拍摄两张照片的间隔时间,即可得到磨料的速度。

3.2　磨料加速机理实验验证

为了与磨料加速机理相互验证,在流量为 50 L/min、喷嘴直线段长度为 11 mm、收敛段长度为 23 mm、收敛角为 14°的条件下进行实验验证,如图 3-8 所示。

为了使磨料在图片中的所成形状尽量规则,也为了使磨料与水的边界便于识别,本书选择陶粒作为测试所用的磨料,具体参数如表 3-1 所列。

(a) 喷嘴实物图

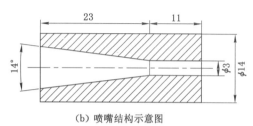

(b) 喷嘴结构示意图

图 3-8　喷嘴实物及结构示意图

表 3-1　磨料的相关参数

名称	参数
磨料类型	陶粒
磨料目数	20~40 目
磨料视密度	2.7 g/cm³

3.2.1　实验过程

　　测试实验的测量区域设定在射流中心纵截面上,片光光源平行并沿铅垂方向通过射流中心轴线,激光片光光源厚度约为 1.5 mm。CCD 镜头取景范围以射流中心轴线为对称,拍摄范围为 19.94 mm×14.85 mm,CCD 相机像素为 1 600×1 192,每个像素的大小为 12.46 μm,粒子图像对的两张照片间隔时间为 20 μs。

　　根据实验要求,首先连接实验装置,使激光束与相机夹角呈 90°,激光束和相机均与水射流方向垂直,如图 3-9 所示;然后接通设备电源,打开 Insight 3G 软件,设定硬件参数,标定靶盘,将像素单位换算成距离单位进行实验;最后调节 Insight 3G软件,设定实验过程中参数,获得最佳图像。

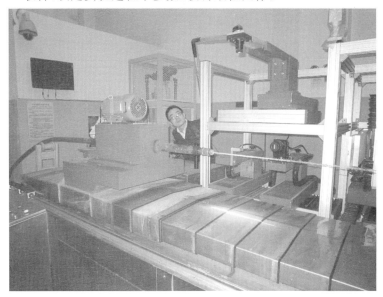

图 3-9　仪器安装位置实物图

图 3-10 拍摄对象为纯水射流,射流较为均匀,射流区域内没有明显的黑斑。图 3-11 拍摄对象为磨料射流,射流区域有明显的黑斑。

图 3-10　3DPIV 拍摄的纯水射流

本次实验磨料目数为 20~40 目,即磨料直径为 0.425~0.85 mm。图 3-11 中黑斑的直径为 30~60 像素,即黑斑的直径为 0.37~0.75 mm,与磨料大小相

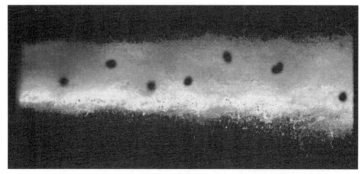

（a）A帧

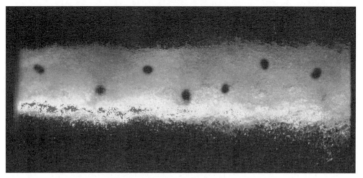

（b）B帧

图 3-11 3DPIV 拍摄的磨料射流图像粒子对

仿。实验过程在暗环境中进行,激光为 CCD 相机曝光的唯一光源,故激光照射面才会在 CCD 相机中成像,磨料反应在图片上的大小,为激光照射磨料时所穿过磨料断面的大小。拍摄时,激光不一定正好穿过磨料的轴心,故磨料在图片上显现的尺寸会小于磨料的直径。对比图 3-10 和图 3-11 可知,图 3-11 中黑洞为磨料。喷嘴在图片的左侧,射流从左向右喷射。如图 3-11 所示图像粒子对中两张图片拍摄的时间间隔为 Δt,可以明显地看到黑斑在从左向右运动。在已知 Δt 的情况下,求出黑斑的位移,即可求得黑斑——磨料的速度。

3.2.2 图片处理

将 3DPIV 拍摄的图片调入 Matlab,形成一个 1 192×1 600 的矩阵,矩阵中每个元素的大小代表每个像素的亮度。对该矩阵进行频数分析,得出 0~50 的元素占 51.1%,50~4 095 的元素占 48.9%。令小于 50 的元素返回 0,其余的元素返回 1，组成一个新的矩阵。在 Matlab 中用"inshow"命令画图，如图 3-12 所示。

（a）A帧

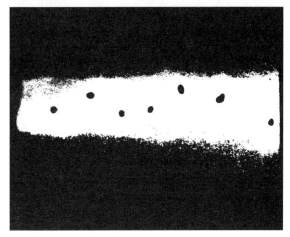

（b）B帧

图 3-12 处理后的图像粒子对

对比图 3-11 和图 3-12 可知，在处理后的图片中，磨料与背景的对比更加突出，便于人们找出磨料的中心。

3.2.3　数据分析

为了得到磨料的速度,需要获取磨料在粒子图像对(一定时间间隔所获得的两张照片)上的坐标,计算时间间隔内磨料的位移。一般用圆心的坐标来表示磨料的坐标。获得磨料颗粒的半径及圆心的处理方法有以下两种[65-69]:

(1) 切线法

此方法可以从切面的外围轮廓线分析着手,而且外围轮廓线与最大内切圆有且仅有两个交点,所以经过这两点的外围轮廓线的两条切线平行且间距最大。基于上述分析,我们可以通过这两条切线来找到最大内切圆的圆心及其半径。

在实际操作中,由于对图片的像素提取的离散性,我们在计算导数时是用差分来代替的。

(2) 最大覆盖法

最大覆盖法就是在切面中找到最佳的圆心位置和半径长度,从而使得由这个圆心和半径所决定的圆能够最大面积地覆盖管道切面的图形,这样获得的圆一定是最大内切圆,这个圆的圆心就是我们所要找的球的圆心,而这个圆的半径就是我们所要找的圆的半径。

由图 3-12 可知,磨料在图片中显示的形状并不规则,用切线法及最大覆盖法得到的圆心不能准确地代表磨料的坐标。为了减小误差,本书利用图片中磨料所成形状的重心来代表磨料的位置。假设图片中像素的坐标用 (x,y) 表示,其中用 x 表示横坐标,y 表示纵坐标,图片左下角像素的坐标为 $(0,0)$,右上角像素的坐标为 $(1\ 600,1\ 192)$。运算步骤如下:

① 将处理后的图片读入 Matlab,形成 0-1 矩阵。

② 为减小计算量,获得射流的边界位置,在射流区域内进行搜索。

③ 对矩阵进行逐列扫描,记录出现 0 的位置,记为 (x_0,y_0)。

④ 对 $x_0 < x < x_0 + 60$, $y_0 < y < y_0 + 60$ 的矩形范围进行搜索,记录下出现 0 的次数,同时记录下坐标的位置 (x_i,y_i)。

⑤ 若出现 0 的次数大于 600,则进行 6 步,否则回到第 3 步,从 (x_0,y_0) 开始扫描。

⑥ 在记录的数据中,对每一列(y 相同时),选取最小值 $x_{j,\min}$,最大值 $x_{j,\max}$,记 $X_j = (x_{j,\max} + x_{j,\min}) \cdot (x_{j,\max} - x_{j,\min} + 1)/2$,$Y_j = y_j \cdot (x_{j,\max} - x_{j,\min} + 1)$。

⑦ 计算重心的坐标并进行记录 (x_z,y_z):

$$x_z = \frac{\sum X_j}{\sum (x_{j,\max} - x_{j,\min} + 1)} \tag{3-3}$$

$$y_z = \frac{\sum Y_j}{\sum (x_{j,\max} - x_{j,\min} + 1)} \tag{3-4}$$

⑧ 返回第 3 步,从第 $y_0 + 60$ 列开始扫描。若 $y_0 + 60 > 1\,600$,则结束扫描。

对于粒子图像对的两张图片,因为时间间隔很短,所以磨料的相对位置没有变化。研究结果表明,按照相同规则进行处理得到的两张图片,磨料出现的先后顺序是一致的,而且分析两张图片上磨料的对应关系较为容易。磨料速度的计算公式如下:

$$v = u \frac{\sqrt{(x_{z1,i} - x_{z2,i})^2 + (y_{z1,i} - y_{z2,i})^2}}{\Delta t} \tag{3-5}$$

式中 $x_{z1,i}$——第 i 颗磨料在第一张照片中的横坐标;

$y_{z1,i}$——第 i 颗磨料在第一张照片中的纵坐标;

$x_{z2,i}$——第 i 颗磨料在第二张照片中的横坐标;

$y_{z2,i}$——第 i 颗磨料在第二张照片中的纵坐标;

Δt——两张照片的时间间隔;

u——单位像素的尺寸。

根据以上算法,在流量为 50 L/min、喷嘴直线段长度为 11 mm、收敛段长度为 23 mm、收敛角为 14°的条件下,求出的磨料速度如表 3-2 所列。

如表 3-2 所列,为了得到的磨料速度更加精确,我们进行了大量实验研究。正常的测量值中只含有系统误差和随机误差,而粗大误差则是工作上的疏忽、经验不足、过度疲劳及外界条件的变化等引起的,大小超出规定条件下预计误差上限,会使测量结果产生明显的异常。

在一组测量值中,如果存在有异常数据(称作坏值),则必然会歪曲实验结果;另外,由于在特定条件下进行测量时的随机波动性,测量数据可能有一定的分散性,如果人为地丢掉一些误差较大、但不属于异常的数据,将会造成虚假的高精度,也是不正确的。因此,必须正确地剔除异常数据[70-72]。

表 3-2　磨料速度表

序号	1	2	3	4	5	6	7	8	9	10	11
磨料速度/(m·s⁻¹)	93.18	95.30	91.57	93.29	93.39	94.72	96.92	86.88	95.88	96.01	93.17
序号	12	13	14	15	16	17	18	19	20	21	22
磨料速度/(m·s⁻¹)	88.40	92.16	93.74	93.72	96.36	93.29	92.64	91.59	95.95	90.56	92.20
序号	23	24	25	26	27	28	29	30	31	32	33
磨料速度/(m·s⁻¹)	92.69	92.14	91.61	96.08	103.2	98.96	91.59	87.44	92.18	93.22	100.1
序号	34	35	36	37	38	39	40	41	42	43	44
磨料速度/(m·s⁻¹)	95.42	94.33	103.3	101.0	93.20	92.64	95.68	99.06	98.49	108.5	94.82
序号	45	46	47	48							
磨料速度/(m·s⁻¹)	99.03	94.94	93.22	105.4							

在统计学中已有多种异常点剔除方法，主要包括肖维勒准则、狄克逊准则、格拉布斯准则和拉依达准则。具体介绍如下[73]：

（1）肖维勒准则

假设测量得到的 n 个数据满足正态分布，那么某个测量值 $X_d(1 \leqslant d \leqslant n)$ 的残差满足：

$$|X_d - \bar{X}| > Z_c\sigma_x \qquad (3-6)$$

式中　$\bar{X}$——均值；

　　　σ_x——标准差；

　　　Z_c——肖维勒准则系数，部分值见表 3-3。

（2）狄克逊准则

狄克逊准则是通过极差比判定和剔除异常数据。与一般比较简单极差的方法不同，该准则为了提高判断效率，对不同的实验测定数据应用不同的极差比进行计算。该准则认为，异常数据应该是最大数据和最小数据。因此，该基本方法是将数据按大小排队，检验最大数据和最小数据是否是异常数据。具体做法如下：

将实验数据 X_i 值的大小排成顺序统计量，即：

$$X_1 \leqslant X_2 \leqslant X_3 \leqslant \cdots \leqslant X_n$$

表 3-3　肖维勒准则系数

n	7	8	9	10	11	12	13	14
Z_c	1.79	1.86	1.92	1.96	2.00	2.04	2.07	2.10
n	17	18	19	20	21	22	23	24
Z_c	2.18	2.20	2.22	2.24	2.26	2.28	2.30	2.32
n	27	28	29	30	35	40	50	60
Z_c	2.35	2.37	2.38	2.39	2.45	2.50	2.58	2.64
n	150	185	200	250	500	1 000	2 000	5 000
Z_c	2.93	3.00	3.02	3.11	3.29	3.48	3.60	3.89

构建不同范围的极差比 γ，见表 3-4。

表 3-4　不同范围的极差比

n	γ_{ij}	检验 X_1	$\gamma_{ij}{}'$	检验 X_n
$3 \leqslant n \leqslant 7$	γ_{10}	$(X_2-X_1)/(X_n-X_{n-1})$	$\gamma_{10}{}'$	$(X_2-X_1)/(X_n-X_{n-1})$
$8 \leqslant n \leqslant 10$	γ_{11}	$(X_2-X_1)/(X_{n-1}-X_1)$	$\gamma_{11}{}'$	$(X_2-X_1)/(X_{n-1}-X_1)$
$11 \leqslant n \leqslant 13$	γ_{21}	$(X_3-X_1)/(X_{n-1}-X_1)$	$\gamma_{21}{}'$	$(X_3-X_1)/(X_{n-1}-X_1)$
$14 \leqslant n \leqslant 30$	γ_{22}	$(X_3-X_1)/(X_{n-2}-X_1)$	$\gamma_{22}{}'$	$(X_3-X_1)/(X_{n-2}-X_1)$

选定显著性水平 α，求得临界值 $D(\alpha, n)$，见表 3-5。

表 3-5　狄克逊准则系数

α/n	3	4	5	6	7	8
0.01	0.988	0.889	0.78	0.698	0.637	0.683
0.05	0.941	0.65	0.642	0.56	0.507	0.554
α/n	9	10	11	12	13	14
0.01	0.64	0.597	0.679	0.642	0.615	0.641
0.05	0.51	0.447	0.576	0.546	0.521	0.546

若 $\gamma_{ij} > D(\alpha,n)$，则判定 X_1 为异常值，予以剔除；若 $\gamma_{ij}' > D(\alpha,n)$，则判定 X_n 为异常值，予以剔除。

（3）格拉布斯准则

对于服从正态分布的实验数据，将实验数据按值的大小排成顺序统计量：

$$X_1 \leqslant X_2 \leqslant X_3 \leqslant \cdots \leqslant X_n$$

格拉布斯导出了：

$$\frac{X_n - X_{n-1}}{X_n - X_2}$$

① 选定显著性水平 α。α 是采用格拉布斯法判定异常数据出现误判的概率，如 1%、2.5%、5%。

② 计算 T 值。如果 X_n 是可疑数据，则：

$$T_n = \frac{X_n - \bar{X}}{s} \tag{3-7}$$

③ 根据 n 及 α，查表 3-6，得到 $T_0(n,\alpha)$ 值。

表 3-6　格拉布斯准则系数

α/n	3	4	5	6	7	8
0.01	1.15	1.46	1.67	1.82	1.94	2.03
0.05	1.16	1.49	1.75	1.94	2.10	2.22
α/n	9	10	11	12	13	14
0.01	2.11	2.18	2.23	2.28	2.33	2.37
0.05	2.32	2.41	2.48	2.55	2.61	2.66

④ 如果 $T \geqslant T_0(n,\alpha)$，则所怀疑的数据是异常数据，应予以剔除。如果 $T < T_0(n,\alpha)$，则所怀疑的数据不是异常数据，不能剔除。

采用此法判异常数据产生误判的概率为 α。

（4）拉依达准则

这种方法是以数据值是否超过标准差 σ_x 的 3 倍为判别标准。如果以零均值信号的 $\pm 3\sigma_x$ 为置信区间，其置信水平可达到 99.74%。通过对异常点相邻两点的值求和，再取平均的方法，剔除异常点。

假定测试数据满足正态分布的随机信号，则：

$$P(|X - \bar{X}| > 3\sigma_x) \leqslant 0.002\,6 \qquad (3\text{-}8)$$

式中　$\bar{X}$——均值；

　　σ_x——标准差。

可见,信号出现大于 $\bar{X}+3\sigma_x$ 或小于 $\bar{X}-3\sigma_x$ 的数据概率很小,仅在 0.26% 以下。可以认为,大于 $\bar{X}+3\sigma_x$ 或小于 $\bar{X}-3\sigma_x$ 的数据为异常点,应予以剔除。

分析所得的磨料速度,发现磨料速度在较小的范围内波动,处理所得的数据在 50 个左右,用拉依达准则——$3\sigma_x$ 准则,即可满足要求。同时,该算法计算量较小,在国际上使用较为广泛。

根据式(3-8),表 3-2 中 48 个磨料速度的均值为 94.99 m/s,标准差为 4.31。其中第 43 个速度为 108.5 m/s,满足 $|108.5-94.99|>3\sigma_x$,应予以剔除。其他数据均满足 $|X-\bar{X}|<3\sigma_x$,予以保留。

3.2.4　基于参数假设检验的磨料加速机理验证

磨料速度经过剔除异常值后,其均值为 94.70 m/s,标准差为 3.86。在同等条件下,磨料的理论计算结果为 94.51 m/s,用假设参数检测验证二者的一致性。

（1）基本思想

假设检验的基本思想是首先对总体参数值提出假设,然后利用样本告之的信息去验证先前提出的假设是否成立。如果样本数据不能充分地证明和支持假设成立,则在一定的概率条件下,应拒绝该假设;相反,如果样本数据不能充分地证明和支持假设不成立,则不能推翻假设。上述假设检验推断过程所依据的基本信念是小概率事件,即发生概率很小的随机事件,在某一次特定的实验中几乎是不可能发生的。

假设检验主要是对实际的抽样指标与假设的总体指标之间的检验,目的在于判断原假设的总体参数值和现在实际的总体参数值之间是否存在显著差异,而检验的方法就是利用样本资料所含的信息判断这种差异是否显著。

（2）显著性水平 α

假设检验首先要从原来的总体出发,确定一个假设的总体参数,然后通过样本统计量与假设的总体参数之间进行比较,判定二者之间的差异是否达到显著的程度。这里,主要运用了概率性质的反证法原理,其理论根据建立在人们普遍使用的"小概率事件原理"上,即小概率事件在一次试验中几乎是不可能发生的推断理论。在实际进行假设检验时,通常取概率小于 0.05、0.01 或 0.1 的事件作为小概率事件,即小概率事件的概率临界值是 0.05、0.01 或 0.1,这就是人们通常所说的显著性水平,常用符号 α 表示,即 $\alpha = 0.05$、$\alpha = 0.01$ 或 $\alpha = 0.1$。

当原假设成立的情况下,由样本统计量构成的概率分布自然也是确定的,并且还是已知的。这样在给定的显著性水平下,人们就能够确定因抽样误差引起的样本估计值对总体参数原假设值之间最大可能的偏离值,以此作为判断原假设正确与否的临界值。

(3) 假设检验的程序(步骤)

在进行假设检验时,首先要给出原假设 H_0 和备择假设 H_1,并确定检验的显著性水平 α;然后构造一个供检验用的样本统计量,并且依据该样本统计量的概率分布确定接受区域和拒绝区域,或者计算出该假设检验的 P(检验统计量的取值正好落在其实际样本值之上和之外的概率)值;最后通过对检验统计量的实际样本值与其临界值的比较,或者通过对假设检验的 P 值与显著性水平 α 的比较,以此判断是否接受原假设。由此可见,依据假设检验基本思想,假设检验可以总结成以下 4 个步骤:

第一步:提出原假设 H_0 和备择假设 H_1。即根据推断检验的目标,对待推断的总体参数提出一个基本假设。在实际检验问题中,设定原假设与备择的通常使用的原则为:

原假设:不轻易否定的假设,也就是说有了充分、确凿、有效的证据后才能拒绝的假设。

备择假设:不轻易肯定的假设,也就是说有了充分、确凿、有效的证据后才能接受的假设。

第二步:选择检验统计量。在假设检验中,样本值(更极端值)发生的概率并不直接由样本数据得到,而是通过计算检验统计量观测值发生的概率而间接得到。这些检验统计量服从或近似服从某种已知的理论分布。对于不同的假设检验问题以及不同的总体条件,会有不同的选择检验统计量的理论、方法和策略,这是统计学家研究的课题。在实际应用中,人们只需要依据实际、明确问题、遵循理论套用即可。

第三步:计算检验统计量观测值发生的概率。选定检验统计量之后,在认为零假设成立的条件下,利用样本数据便可计算出检验统计量观测值发生的概率,即概率 P 或称为相伴概率(指该检验统计量在某个特定的极端区域取值在成立时的概率),该概率值间接地给出了样本值(更极端值)在零假设 H_0 成立条件下发生的概率。为此,可以依据一定的标准来判定其发生概率的大小,是否为一个小概率事件。

第四步:给定显著性水平 α,并做出统计决策。显著性水平 α 是指零假设正确但却被错误的拒绝了的概率或风险,一般人为确定为 0.05 或 0.01 等,意味着零假设正确同时也正确地接受了的可能性(概率)为 95% 或 99%。事实上,虽然小概率原理告诉我们,小概率事件在一次实验中几乎是不会发生的,但这并不意味着小概率事件就一定不发生。由于抽样的随机性,在一次实验中观察到小概率事件的可能性是存在的,如果遵循小概率原理而拒绝了原本正确的零假设,那么该错误发生的概率便是 α。

得到检验统计量的概率 P 后的决策就是要判定应拒绝零假设还是不应拒绝零假设。如果检验统计量的概率 P 小于显著性水平 α,则认为此时拒绝零假设犯错误的可能性小于显著性水平 α,其概率低于预先控制的水平,不太可能犯错误,可以拒绝零假设;反之,如果检验统计量的概率 P 值大于显著性水平 α,则认为此时拒绝零假设犯错误的可能性是大于显著性水平 α,其概率比预先控制的水平高,很有可能犯错误,不应拒绝零假设。

从另一个角度讲,得到检验统计量的概率 P 后的决策就是要判定:这个事件是一个小概率事件还是一个非小概率事件。由于显著性水平 α 是在零假设成立时统计量的值落在某个极端区域的概率值,因此如果 α 等于 0.05 (0.01)则认为零假设是成立的,那么检验统计量的值落到某个极端区域的概率是 0.05(0.01),它是我们预期中的小概率事件。当检验统计量的概率 P 小于显著性水平 α 时,则认为零假设是成立的,样本所告知的检验统计量的观测值(更极端值)发生的概率是一个较预期的小概率事件更小概率的事件,由小概率原理可知,它本是不可能发生的,它的发生是零假设错误导致的,应拒绝零假设;反之,当检验统计量的概率 P 大于 α 时,则认为零假设是成立的。检验统计量的观测值(更极端值)发生的概率较预期的小概率事件来说是一个非小概率的事件。它发生是有可能的,没有充足的理由说明零假设不成立,因此不应拒绝零假设。

总之,通过上述 4 个步骤便可完成参数假设检验。在利用统计软件 SPSS 进行假设检验时,应明确第一步中假设检验的零假设,第二步和第三步是 SPSS 自动完成,第四步的决策需要人工判定,即人为确定显著性水平 α,并与检验统计量的概率 P 相比较,进而做出决策。

(4)实例验证

通过计算得知磨料速度的理论值为 94.5 m/s,借助实验验证该数据是否正确。这属于参数假设检验中的对总体均值的检验,其基本思想是利用来自该总体的样本数据,推断该总体的均值与指定的检验值之间的差异在统计上是否是显著的。

（5）实施步骤

在实际检验问题中,设定原假设与备择假设的通常使用的原则为:

原假设:不轻易否定的假设,也就是说有了充分、确凿、有效的证据后才能拒绝的假设。

备择假设:不轻易肯定的假设,也就是说有了充分、确凿、有效的证据后才能接受的假设。

原假设磨料速度 $H_0 = 94.5$ m/s;备择假设磨料速度 $H_1 \neq 94.5$ m/s;给定显著性水平 $\alpha = 0.01$,借助统计软件 SPSS 实施检验结果如下:

表 3-7 是对实验的磨料速度 v 进行的基本描述分析。其中,47 个样本实验数据的磨料速度均值为 94.70 m/s,标准差为 3.860,均值标准误差为 0.563。表 3-8 是对磨料速度该参数进行检验的结果,第一列是 t 统计量的观测值为 0.352,第二列是自由度为 $n-1=46$,第三列是 t 统计量观测值的双尾概率 P（Sig.值）,第四列是样本均值与检验值的差值,第五列与第六列是总体均值的 99% 的置信区间为（93.190,96.210）。

表 3-7　磨料速度的描述统计

n	磨料速度均值 /(m·s^{-1})	标准差	均值的标准误差
47	94.700	3.860	0.563

表 3-8　磨料速度样本的 t 检验

t 统计	$n-1$	P	均值与检验值的差值	磨料速度/(m·s^{-1})	区间上限
0.352	46	0.726	0.198	93.190	96.210

由于 $P=0.726 \gg \alpha=0.01$,落在接受域中,从而不能拒绝原假设,即磨料速度参数与该检验值 94.510 m/s 没有显著差异;并且 99% 的置信区间告知:有 99% 的把握认为磨料速度的数值在 93.190～96.210 m/s 之间,而 94.510 m/s 包含在置信区间之内,也证实了上述推断,理论计算和实验结果满足一致性。

3.3 喷嘴结构对磨料加速的影响研究

本节结合磨料加速机理,针对圆锥收敛型喷嘴,研究了不同直线段长度、收敛段长度、收敛角的喷嘴出口处磨料的速度,与加速机理相互验证。

3.3.1 直线段长度对磨料加速的影响

为了与磨料加速机理研究保持一致,使用收敛段长度为 23 mm、收敛角为 14°、改变直线段长度为 5 mm、7 mm、9 mm、11 mm 的 4 组喷嘴,在流量为 50 L/min 的条件下测试喷嘴出口处磨料的速度,如图 3-13 所示。

(a) 喷嘴实物图

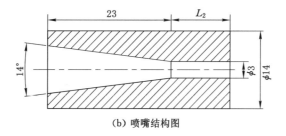

(b) 喷嘴结构图

图 3-13　线段长度不同的系列喷嘴实物及结构图

在上述条件下,采用 3DPIV 技术对不同直线段长度的喷嘴产生的磨料射流进行了拍摄,拍摄长度为从喷嘴出口至 19.94 mm 处,拍摄宽度为 14.85 mm。

针对每个喷嘴拍摄 50 组图片,拍摄所得的图片按照 3.2.2 节进行处理,处理结果如图 3-14 所示。

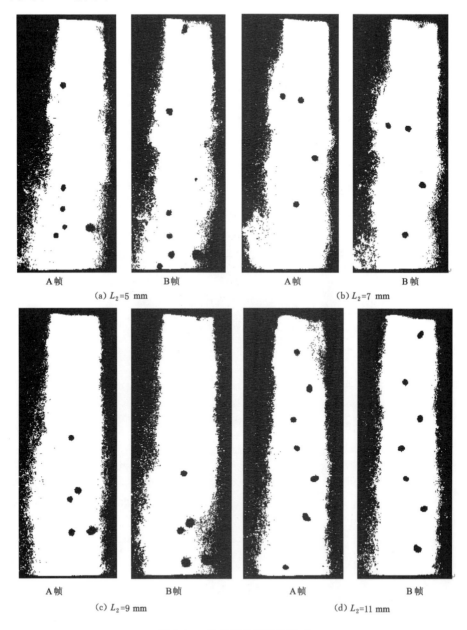

图 3-14　处理后的图像粒子对

按照 3.2 节对图片进行数据分析并剔除异常数据,得出不同直线段长度的喷嘴出口处磨料速度的均值及标准差,并基于参数假设检验与理论值进行验证,见表 3-9。

表 3-9 直线段长度不同的喷嘴出口处磨料速度描述统计表

喷嘴直线段长度/mm	麻料速度平均值/$(m \cdot s^{-1})$	标准差	麻料速度理论值/$(m \cdot s^{-1})$	一致性
5	90.700	4.3	90.870	满足
7	92.430	4.5	92.240	满足
9	93.570	3.8	93.440	满足
11	94.700	3.8	94.510	满足

经过参数假设检验,将实验值与理论值进行对比分析,结果表明实验值与理论值满足一致性。图 3-15 为喷嘴出口处磨料速度的理论计算结果与实验值的对比图。

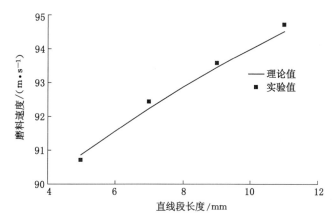

图 3-15 不同直线段长度的喷嘴出口处磨料速度对比图

由图 3-15 可知,磨料速度的理论值与实验值吻合得较好,验证了加速机理的合理性。磨料速度的理论值是按照水相的平均速度推导的,而磨料速度的实验值是所测磨料的平均值,受磨料分布的影响,导致理论值和实验值存在一定的差异。

3.3.2 收敛段长度对磨料加速的影响

为了与磨料加速机理研究保持一致，使用直线段长度为 11 mm、收敛角为 14°、改变收敛段长度为 14 mm、17 mm、20 mm、23 mm 的 4 组喷嘴，在流量为 50 L/min的条件下测试喷嘴出口处磨料的速度，如图 3-16 所示。

(a) 喷嘴实物图

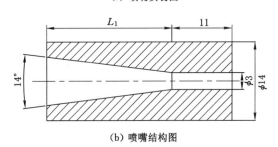

(b) 喷嘴结构图

图 3-16　收敛段长度不同的系列喷嘴实物及结构图

在上述条件下，采用 3DPIV 技术对不同收敛段长度的喷嘴产生的磨料射流进行拍摄，拍摄长度为从喷嘴出口至 19.94 mm 处，拍摄宽度为 14.85 mm。针对每个喷嘴拍摄 50 组图片，拍摄所得的图片按照 3.2.2 节进行处理，处理结果如图 3-17 所示。

按照 3.2 节对图片进行数据分析并剔除异常数据，得出不同收敛段长度的喷嘴出口处磨料速度的均值及标准差，并且基于参数假设检验与理论值进行验证，表明实验值与理论值具有一致性。图 3-18 为喷嘴出口处磨料速度的理论值与实验值的对比图。

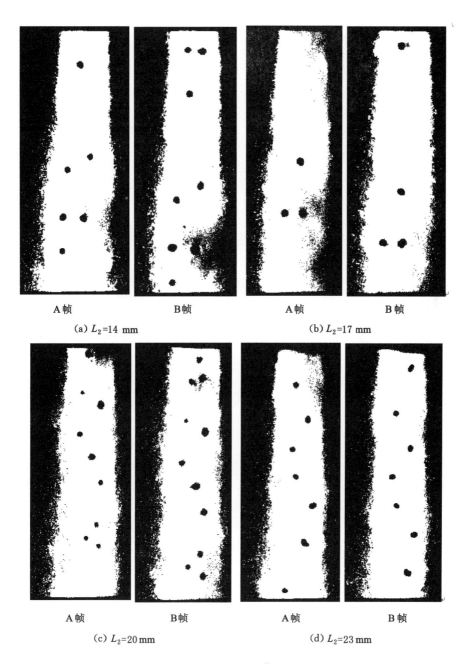

A帧　　　　B帧　　　　　　A帧　　　　B帧

(a) L_2=14 mm　　　　　　(b) L_2=17 mm

A帧　　　　B帧　　　　　　A帧　　　　B帧

(c) L_2=20 mm　　　　　　(d) L_2=23 mm

图 3-17　处理后的图像粒子对

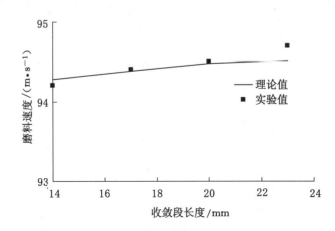

图 3-18　不同收敛段长度的喷嘴出口处磨料速度对比图

由图 3-18 可知,磨料速度的理论值与实验值吻合得较好,验证了加速机理的合理性。磨料速度的理论值是按照水相的平均速度推导的,而磨料速度的实验值是所测磨料的平均值,受磨料分布的影响,导致理论值和实验值存在一定的差异。

3.3.3　收敛角对磨料加速度的影响

为了与磨料加速机理研究保持一致,使用直线段长度为 5 mm、收敛段长度为 14、改变收敛角为 14°、20°、26°的 3 组喷嘴,在流量为 50 L/min 的条件下测试喷嘴出口处磨料的速度,如图 3-19 所示。

在上述条件下,采用 3DPIV 技术对不同收敛角的喷嘴产生的磨料射流进行拍摄,拍摄长度为从喷嘴出口至 19.94 mm 处,拍摄宽度为 14.85 mm。针对每个喷嘴拍摄 50 对图片,拍摄所得的图片按照 3.2.2 节进行处理,处理结果如图 3-20 所示。

按照 3.2 节对图片进行数据分析并剔除异常数据,得出不同收敛角的喷嘴出口处磨料速度的均值及标准差,并基于参数假设检验与理论值进行验证,表明实验值与理论值具有一致性。图 3-21 为喷嘴出口处磨料速度的理论计算结果与实验值的对比图。

由图 3-21可知,磨料速度的理论值与实验值吻合得较好,验证了加速机理的合理性。磨料速度的理论值是按照水相的平均速度推导的,而磨料速度的实

（a）喷嘴实物图

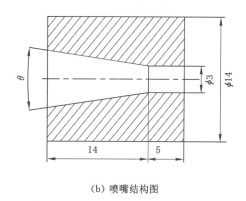

（b）喷嘴结构图

图 3-19　收敛角不同的系列喷嘴实物及结构图

验值是所测磨料的平均值,受磨料分布的影响,导致理论值和实验值存在一定的差异。

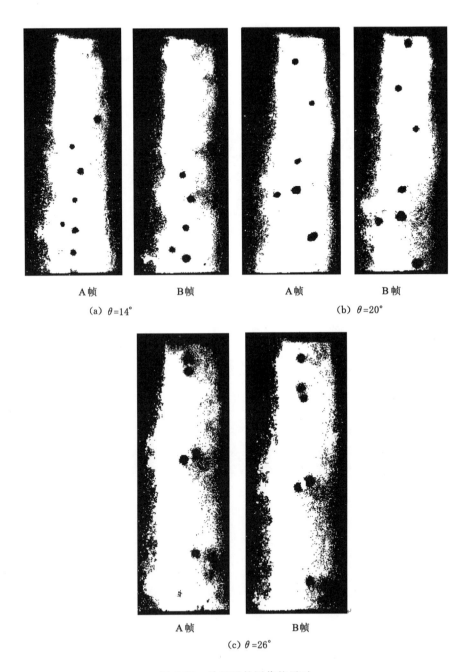

图 3-20 处理后的图像粒子对

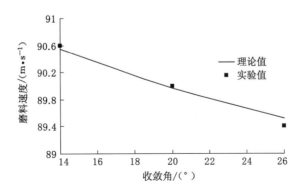

图 3-21 不同收敛角的喷嘴出口处磨料速度对比图

3.4 本章小结

本章采用 3DPIV 拍摄磨料射流图像粒子对(射流轴心在拍摄平面内),为使得磨料边界更为突出,利用 Matlab 设置合理的阀值将获得的图片处理为0-1矩阵,通过自行编制的程序识别磨料的中心,从而得出磨料的速度。对不同结构的喷嘴进行测试,获得其出口处磨料的速度,对磨料加速机理进行验证。本章主要研究结论如下:

(1) 获得直线段长度为 11 mm、收敛段长度为 23 mm、收敛角为 14°的喷嘴出口处磨料速度,基于 $3\sigma_x$ 原则对异常的磨料速度进行了剔除,经过剔除后其均值为 94.700 m/s,标准差为 3.86,而同等条件下磨料的理论值为 94.500 m/s,通过参数假设检验表明其落在接受域中,说明理论计算和实验结果具有一致性。

(2) 为验证磨料加速机理的合理性,在流量一定的条件下研究喷嘴结构对磨料加速的影响。研究结果表明:当收敛段为 23 mm,直线段从 5 mm 变为11 mm 时,喷嘴出口处磨料速度的平均值从 90.700 m/s 变为 94.700 m/s,且均通过一致性检验;当直线段为 11 mm,收敛段从 14 mm 变为 23 mm 时,喷嘴出口处磨料的均值从 94.200 m/s 变为 94.700 m/s,且均通过一致性检验;当收敛角从 14°变为 26°时,喷嘴出口处磨料速度的平均值从 90.550 m/s 变为89.520 m/s,且均通过一致性检验,证明了磨料射流加速机理的合理性。

4

磨料分布规律测试研究

由前文可知,影响前混合磨料射流切割、冲蚀性能的两个关键因素:水介质对磨料的加速性能和磨料在射流中的分布状态。基于此,本章对磨料的分布规律进行研究,包括前混合磨料射流磨料分布规律、磨料射流打击力的分布等,为精确控制前混合磨料射流切割、冲蚀形状,满足更高精度、更复杂形状的加工提供理论基础。

已有研究表明,在相同能耗的情况下,前混合磨料射流系统的切割深度可达到后混合磨料射流切割深度的 2 倍。这是因为后混合磨料射流磨料很难进入射流中心,而前混合磨料射流中磨料与水相混合均匀后共同进入喷嘴一起加速,磨料能轻易的进入射流中心,故切割能力得到很大的提高,但这样的结论尚未得到证实。针对两相流体中的固体颗粒的参数,学者们提出了很多测试方法,但均未对具备高速的前混合磨料射流磨料分布规律进行测试研究。

因此,本章采用 3DPIV 技术结合自主编程设计的磨料粒子中心识别程序,获得磨料坐标;同时,利用统计手段,研究磨料的分布规律以及喷嘴结构对磨料分布规律的影响。

4.1 分析方法简介

下面运用 3DPIV 技术获得磨料的图像粒子对,并通过自主编制的程序获得磨料中心的坐标。其中,具体实验设备及实验方法见 3.1 节。

4.1.1 数据预处理

为了便于对分析方法进行描述,以直线段长度为 5 mm、收敛段长度为 23 mm、收敛角为 14°的喷嘴进行举例说明。

其中,喷嘴流量为 50 L/min,测试范围是从喷嘴出口至 19.94 mm 段。根据 3.2 节所述方法对 3DPIV 所得的 75 张图片进行处理,得到 101 颗磨料的分布位置,如图 4-1 所示。

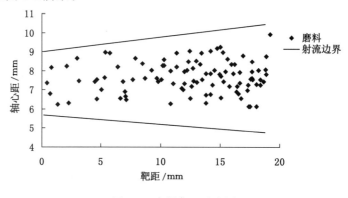

图 4-1 磨料位置示意图

在图 4-1 中,横坐标表示距喷嘴出口的距离,纵坐标表示与射流轴心的距离。由图 4-1 还可以看出,磨料分布的宽度随着射流宽度的增加而增加,而磨料在不同断面分布规律是不同的。

若对特定断面上的磨料分布规律进行统计分析,需求出足够多颗磨料在该断面上的位置。对于高速的磨料而言,由于通过特定断面所需的时间极短,很难捕捉到磨料正好运动到该特定断面时的坐标。为了在特定断面获取足够多颗磨料的坐标,需要将不同位置的磨料坐标转换成该特定断面上,如图 4-2 所示。

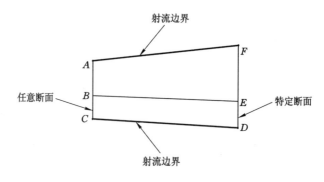

图 4-2 磨料坐标转换关系示意图

如图 4-2 所示,线段 AF、CD 分别表示射流的上、下边界,线段 AC 表示磨料所在的任意断面,线段 DF 表示所研究的特定断面。点 B 表示磨料当前所在的位置,点 E 表示磨料运动到特定断面后所在的位置。由于磨料在射流中的运动规律不太清楚,且其运动具有一定的随机性。假设随着靶距的增加,磨料分布的宽度与射流宽度的增加速率保持一致,因此存在如下表达式:

$$\frac{\overline{AB}}{\overline{EF}} = \frac{\overline{BC}}{\overline{DE}} = \frac{\overline{AC}}{\overline{DF}}$$

则磨料坐标的转换步骤如下:

(1) 选择 5 张 3DPIV 拍摄的图片,在射流的上、下边界各随机选取 5 个点,通过将上、下边界各获取的 25 个点建立线性回归方程,得到射流上、下边界的表达函数分别为 $y = h(x)$ 和 $y = g(x)$。

(2) 设特定断面的横坐标为 x_0,则特定断面上射流的宽度 $\overline{DF} = h(x_0) - g(x_0)$。

(3) 设所研究磨料所在断面的横坐标为 x_n,则特定断面上射流的宽度 $\overline{AC} = h(x_n) - g(x_n)$。

(4) 设所研究磨料的坐标为(x_n, y_n),则该磨料距射流下边界的距离 $\overline{BC} = y_n - g(x_n)$。

(5) 假设磨料分布的宽度与射流宽度的增加速率保持一致,可知磨料运动到特定界面时,其距射流下边界的距离为: $\overline{DE} = \frac{\overline{BC} \cdot \overline{DF}}{\overline{AC}} = \frac{[y_n - g(x_n)] \cdot [h(x_0) - g(x_0)]}{h(x_n) - g(x_n)}$,则磨料运动到 E 点之后的坐标可表示为 $\left(x_n, g(x_n) + \frac{[y_n - g(x_n)] \cdot h(x_0) - g(x_0)}{h(x_n) - g(x_n)} \right)$。

靶距从 0 mm 至 19.94 mm 为拍摄范围,为减小上述转换引起的误差,选择中间断面,即靶距为 10 mm 处作为特定断面进行研究。为了较为直观地观测磨料的分布,保持磨料的横坐标不变,按照上述方法对磨料的纵坐标进行变换,结果如图 4-3 所示。

由图 4-4 可以看出,其磨料的分布宽度与靶距为 10 mm 处磨料分布宽度基本一致。

在研究某一总体的分布规律时,一般有参数假设检验和非参数假设检验两种方法。其中,参数检验是在总体分布形式已知情况下,对总体分布的参数如均值、方差等进行推断的方法。而非参数检验适合于在总体分布未知或知之甚少的情况下,利用样本数据对总体分布等,进行推断的方法。由于前混合磨料射流

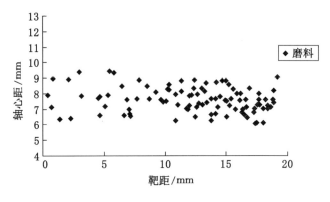

图 4-3　磨料位置示意图

超强的冲蚀能力,直接测试磨料的分布规律较为困难,这方面的研究报道较为罕见,前混合磨料射流分布规律知之甚少,选取非参数假设检验法对磨料的分布规律进行研究。主要步骤如下:

(1) 绘制样本数据的直方图对其分布类型进行粗略判断。

(2) 利用 P-P 图进一步确定其分布类型。

(3) 通过单样本 K-S 检验验证第二步所得的结论。

(4) 借助抽样分布定理获得该分布的具体参数,并得出分布密度函数。

4.1.2　磨料分布类型的确定

(1) 磨料分布数据的直方图

基于 4.1.1 节处理后所得的数据,研究直线段长度为 5 mm、收敛段长度为 23 mm、收敛角为 14°的喷嘴,在流量为 50 L/min 的条件下,靶距为 10 mm 的断面上磨料的分布,如图 4-4 所示。

因为磨料分布数据为连续型随机变量,从其分布数据的直方图,可以粗略地判断其较为接近正态分布或均匀分布。

(2) 磨料分布数据的 P-P 图

P-P 图是根据变量的累积概率与指定分布的累积概率之间的关系所绘制的图形。通过 P-P 图可以检验数据是否符合指定的分布。当数据符合指定分布时,P-P 图中各点呈一条近似的直线;反之,当数据的分布与指定的理论分布存在较大差距时,P-P 图中各点将较大的偏离中间的对角线。

图 4-5 为磨料的正态分布 P-P 图,其中横坐标为样本数据的实际累计概率值,纵坐标为期望(理论)累计概率值。根据 P-P 图的基本原理可知,当数据与理

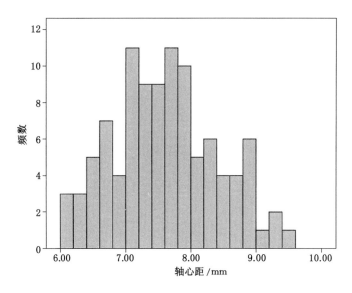

图 4-4 磨料分布直方图

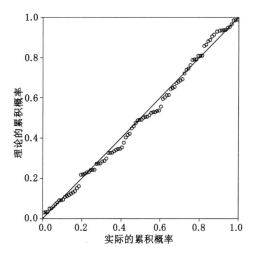

图 4-5 磨料正态分布的 P-P 图

论分布近似一致时,各个数据点应近似成一条直线,落在中间的对角线上。在本实验中,由数据正态分布 P-P 图可以直观地判断,磨料的空间分布与正态分布无显著差异,从而认为磨料数据的总体分布为正态分布。

图 4-6 为磨料分布的趋降 P-P 图,其中横坐标为样本数据的实际累计概率值,纵坐标为磨料正态分际累积概率值与期望(理论)累计概率值的差。根据 P-P 图的基本原理,如果数据与理论分布无显著差异,那么图中的点应随机分散在"0.0 横线"的附近。在本实验中,图 4-6 中的点在"0.0 横线"附近随机波动,说明磨料的空间分布与正态分布无显著差异,认为磨料的空间分布为正态分布。

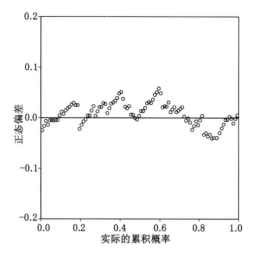

图 4-6 磨料正态分布的趋降 P-P 图

图 4-7 为磨料均匀分布的 P-P 图。根据 P-P 图的基本原理,当数据与理论分布近似一致时,各个数据点应近似成一条直线,落在中间的对角线上。在本实验中,数据分布与均匀分布存在较大差异。在较小的变量值区域中,实际累计概率略大于理论的累计概率值,而在较高的变量值区间中,实际累计概率明显小于理论的累计概率值。因此,直观判定磨料分布的总体,其分布与均匀分布存在显著差异。

图 4-8 为磨料均匀分布的趋降 P-P 图。根据 P-P 图的基本原理,如果数据与理论分布无显著差异,那么图中的点应随机分散在"0.0 横线"的附近。在本实验中,图 4-8 中的点却带有明显的趋势性,表明磨料的空间分布与均匀分布存在显著差异,认为磨料的空间分布不是均匀分布。

(3)磨料分布数据的 K-S 检验

K-S 检验是以俄罗斯数学家柯尔莫哥-斯米诺(Kolmogorov-Smirnov)的名字命名的一种非参数检验方法。该方法能够利用样本数据推断样本来自的总体

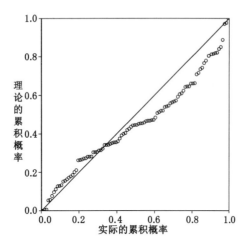

图 4-7　磨料均匀分布的 P-P 图

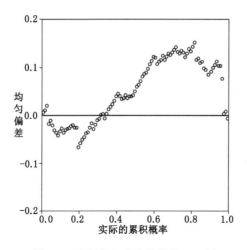

图 4-8　磨料均匀分布的趋降 P-P 图

是否与某一理论分布有显著差异,是一种拟合优度的检验方法,适用于探索连续型随机变量的分布。

单样本 K-S 检验的零假设是,样本来自的总体与指定的理论分布无显著差异。在 SPSS(statistical product and service solutions)的理论分布主要包括正态分布、均匀分布、指数分布和泊松分布等。

单样本 K-S 检验的基本思路如下:

(1)在零假设成立的前提下,计算各样本观测值在理论分布中出现的理论累

计概率值 $F(x)$。

(2)计算各样本观测值的实际累计概率值 $S(x)$，计算实际累计概率值与理论累计概率值的差 $D(x)$。

(3)计算差值序列中的最大绝对差值，即 $D = \max(|S(x_i) - F(x_i)|)$。通常情况下，由于实际累计概率为离散值，因此 D 修正为：

$$D = \max[\max(|S(x_i) - F(x_i)|), \max(|S(x_{i-1}) - F(x_i)|)]$$

D 统计量也称为 K-S 统计量。在小样本下，在零假设成立时，D 统计量服从 Kolmogorov 分布。在大样本下，当零假设成立时，$\sqrt{n}D$ 近似服从 $K(x)$ 分布。当 $D < 0$ 时，$K(x) = 0$；当 $D > 0$ 时，$K(x) = \sum_{j=-\infty}^{\infty} (-1)^j \exp(-2j^2 x^2)$。显然，如果样本总体的分布与理论分布差异不明显，那么 D 不应较大。如果 D 统计量的概率 P 小于显著性水平 α，则应拒绝零假设，认为样本来自的总体与指定的分布有显著差异；如果 D 统计量的概率 P 大于显著性水平 α，则不能拒绝零假设，认为样本来自的总体与指定的分布无显著差异。

利用非参数检验中的单样本 K-S 方法检验磨料在空间的分布的总体是否为某一理论分布。根据上述绘制的样本磨料分布数据的直方图显示、P-P 图的初步判断，粗略地判断磨料在空间的总体分布为正态分布。

假如磨料在空间的总体分布为正态分布，取显著性水平 $\alpha = 0.05$。

H_0：磨料在空间分布为正态分布；H_1：磨料在空间分布不是正态分布。

SPSS 分析结果见表 4-1。

表 4-1　磨料样本 K-S 检验

样本容量/个	100
样本均值/mm	7.605
标准差	0.810
绝对值	0.063
最大正值	0.063
最小负值	-0.049
K-S 检验的 Z 分位数	0.632
渐近显著性(双侧)	0.819

表 4-1 说明,该磨料分布样本容量为 100,样本均值为 7.61,标准差为 0.810。最大绝对差值为 0.063,最大正值为 0.063,最小负值为 -0.049。$\sqrt{n}D$ 为 0.632,对应的概率 P 为 0.819。

根据单样本 K-S 检验的基本思想,如果 D 统计量的概率 P 小于显著性水平 α,则应拒绝零假设,认为样本来自的总体与指定的分布有显著差异;如果 D 统计量的概率 P 大于显著性水平 α,则不能拒绝零假设,认为样本来自的总体与指定的分布无显著差异。本实验数据分析结果显示,D 统计量的概率,即 $P=0.819 \gg \alpha = 0.05$,落在接受域中,因此不能拒绝零假设,认为样本来自的总体分布与正态分布无显著差异,从而证明磨料的空间分布为正态分布。

4.1.3 磨料分布函数的求解

根据 4.1.2 节中单样本 K-S 检验的结果得出:磨料在空间的分布服从正态分布。假设:X、μ、σ^2、$\overline{X}$、S^2 分别代表磨料分布总体、总体均值、总体方差、样本均值、样本方差,则 $X \sim N(\mu, \sigma^2)$、$\overline{X} = 7.61$,$S^2 = 0.810$。

根据参数估计方法中的点估计法,估计总体的未知参数 μ、σ^2。所谓点估计是依据样本估计总体分布中所含的未知参数或未知参数的函数。通常情况下,它们是总体的某个特征值,如数学期望、方差等。

由统计量的抽样分布定理可知:$E\overline{X} = EX = \mu$,$ES^2 = DX = \sigma^2$,则样本均值 $\overline{X}$、样本方差 S^2 分别为总体均值 μ、总体方差 σ^2 的无偏估计。从而可用样本均值 $\overline{X}$、样本方差 S^2 作为总体均值 μ、总体方差 σ^2 的估计量,即 $\hat{\mu} = \overline{X}$,$\hat{\sigma}^2 = S^2$。因此,直线段长度为 5 mm、收敛段长度为 23 mm、收敛角为 14°的喷嘴,在流量为 50 L/min 的条件下,靶距为 10 mm 的断面上磨料在空间的分布为 $X \sim N(7.61, 0.810^2)$,对应的概率密度函数为:

$$f(x;\mu,\sigma^2) = \frac{1}{\sqrt{2\pi}\sigma}e^{-\frac{(x-\mu)^2}{2\sigma^2}}$$

$$= \frac{1}{0.81\sqrt{2\pi}}e^{-\frac{(x-7.61)^2}{2\times0.81^2}} \tag{4-1}$$

4.2 磨料分布规律随靶距的变化关系

在直线段长度为 11 mm、收敛段长度为 23 mm、收敛角为 14°的喷嘴、流量为 50 L/min 的条件下,研究磨料分布规律随靶距的变化关系。

为了与前文研究保持一致,3DPIV 拍摄的区间分别是:[0 mm,20 mm]、[10 mm,30 mm]、[30 mm,50 mm]、[150 mm,170 mm]、[300 mm,320 mm]。按照 4.1.1 节的假设,研究对象均为照片的中心,则磨料的坐标进行变换后,所得的数据分别表示靶距为 10 mm、20 mm、40 mm、160 mm、310 mm 处磨料的分布。按照 4.1.3 节对处理后的数据进行分析,得到磨料分布的直方如图 4-9 所示。

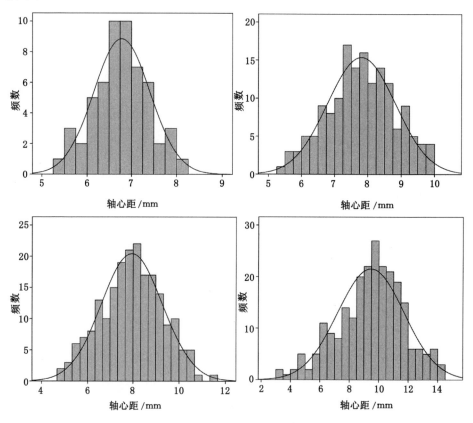

图 4-9　不同靶距处磨料分布直方图

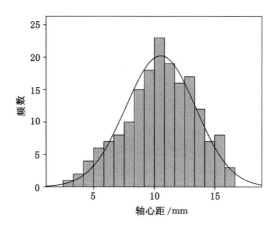

图 4-9(续)

采用单样本 K-S 检验,对所得的数据进行处理,结果见表 4-2。

表 4-2   不同靶距下磨料样本 K-S 检验

靶距/mm	10	20	40	160	310
样本容量/个	56	157	205	243	176
样本均值/mm	6.782	7.803	7.944	9.463	10.522
标准差	0.632	1.019	1.335	2.251	2.894
最大正值	0.064	0.039	0.025	0.031	0.028
最小负值	-0.057	-0.036	-0.038	-0.067	-0.040
K-S 检验的 Z 分位数	0.477	0.487	0.540	0.532	0.524
渐近显著性(双侧)	0.977	0.972	0.933	0.938	0.946

根据单样本 K-S 检验的基本思想,如果 D 统计量的概率 P 小于显著性水平 α,则应拒绝零假设,认为样本来自的总体与指定的分布有显著差异;如果 D 统计量的概率 P 大于显著性水平 α,则不能拒绝零假设,认为样本来自的总体与指定的分布无显著差异。本实验数据分析结果显示,D 统计量的概率 P 远大于 0.05,落在接受域中,不能拒绝零假设,认为样本来自的总体分布与正态分布无显著差异,从而证明磨料的空间分布为正态分布。

正态分布概率密度函数可以用均值和标准差来表示。忽略重力的影响,磨料在射流中呈轴对称分布,则均值应与射流轴心重合,故均值表示射流轴心在3DPIV 拍摄的图片中所处的位置,对分布的规律影响不大。标准差表示数据集中与分散的程度,该参数为表示磨料分布规律的主要参数。图 4-10 为靶距对磨料分布标准差的影响规律。

如图 4-10 所示,随着靶距的增加,磨料分布的标准差逐渐增大,表明随着靶距的增加,射流宽度增加的同时,磨料分布的宽度也在增加。磨料分布的标准差随着靶距的增加,线性增加,表明其增长趋势与射流宽度增长趋势一致。

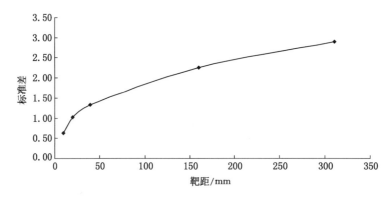

图 4-10　磨料分布的标准差与靶距的关系

4.3　喷嘴结构对磨料分布规律的影响研究

针对圆锥收敛型喷嘴,研究不同直线段长度、收敛段长度、收敛角的喷嘴在靶距为 10 mm 处磨料的分布规律。

4.3.1　直线段长度对磨料分布的影响

为了与前文研究保持一致,使用收敛段长度为 23 mm、收敛角为 14°、改变直线段长度为 5 mm、7 mm、9 mm、11 mm 的 4 组喷嘴,在流量为 50 L/min 的条件下测试磨料的分布,选取的特定断面为靶距 10 mm 处。喷嘴的实物图及结构如图 3-13 所示。

根据 4.1 节对 3DPIV 拍摄的图片进行处理,得到磨料在空间分布的坐标,并对所得的数据进行统计分析,所得数据见表 4-3。

表 4-3　不同直线段长度下磨料样本 K-S 检验

直线段长度/mm	5	7	9	11
样本容量	100	88	90	56
样本均值/mm	7.605	7.654	7.411	6.891
标准差	0.810	0.771	0.760	0.750
绝对值	0.063	0.080	0.113	0.140
最大正值	0.063	0.062	0.067	0.088
最小负值	−0.049	−0.080	−0.113	−0.140
K-S 检验的 Z 分位数	0.632	0.748	1.068	1.051
渐近显著性(双侧)	0.819	0.631	0.204	0.220

根据单样本 K-S 检验的基本思想,如果 D 统计量的概率 P 小于显著性水平 α,则应拒绝零假设,认为样本来自的总体与指定的分布有显著差异;如果 D 统计量的概率 P 大于显著性水平 α,则不能拒绝零假设,认为样本来自的总体与指定的分布无显著差异。本实验数据分析结果显示,D 统计量的概率 P 远大于 0.05,落在接受域中,因此不能拒绝零假设,认为样本来自的总体分布与正态分布无显著差异,从而证明磨料的空间分布为正态分布。

正态分布概率密度函数可以用均值和标准差来表示。在理论上射流喷出后呈轴对称分布,则均值应与射流轴心重合,故均值表示射流轴心在 3DPIV 拍摄的图片中所处的位置,对分布的规律影响不大。标准差表示数据集中与分散的程度,即磨料分布规律的主要参数。图 4-11 为喷嘴直线段长度改变对标准差的影响。

如图 4-11 所示,随着直线段的增加,磨料分布的标准差逐渐减小,表明在一定范围内增加直线段的长度,能使得磨料分布更为集中。直线段长度从 5 mm 变为 7 mm 时,变化趋势较为陡峭;直线段长度从 7 mm 变为 11 mm 时,变化趋势较为缓慢。因此,当直线段长度达到一定值时,继续增加其长度对增加磨料分布的密集性作用趋于平缓。

4.3.2　收敛段长度对磨料分布的影响

为了与前文研究保持一致,使用直线段长度为 11 mm、收敛角为 14°、改变

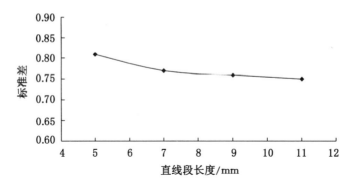

图 4-11　喷嘴直线段长度对磨料分布标准差的影响

收敛段长度为 14 mm、17 mm、20 mm、23 mm 的 4 组喷嘴,在流量为 50 L/min 的条件下测试磨料的分布,选取的特定断面为靶距 10 mm 处。喷嘴的实物图及结构如图 3-16 所示。

根据 4.1 节对 3DPIV 拍摄的图片进行处理,得到磨料在空间分布的坐标,并对所得的数据进行统计分析,所得数据见表 4-4。

表 4-4　不同收敛段长度下磨料样本 K-S 检验

收敛段长度/mm	14	17	20	23
样本容量/个	180	99	142	56
样本均值/mm	8.986	9.126	7.759	6.891
标准差	0.826	0.766	0.772	0.750
绝对值	0.057	0.052	0.040	0.140
最大正值	0.044	0.033	0.040	0.088
最小负值	−0.057	−0.052	−0.028	−0.140
K-S 检验的 Z 分位数	0.767	0.518	0.481	1.051
渐近显著性(双侧)	0.598	0.951	0.975	0.220

根据单样本 K-S 检验的基本思想,如果 D 统计量的概率 P 小于显著性水平 α,则应拒绝零假设,认为样本来自的总体与指定的分布有显著差异;如果 D 统计量的概率 P 大于显著性水平 α,则不能拒绝零假设,认为样本来自的总体与

指定的分布无显著差异。本实验数据分析结果显示,D 统计量的概率 P 远大于 0.05,落在接受域中,不能拒绝零假设,认为样本来自的总体分布与正态分布无显著差异,从而证明磨料的空间分布为正态分布。

正态分布概率密度函数可以由均值和标准差来表示。理论上,射流喷出后呈轴对称分布,则均值应与射流轴心重合,故均值表示射流轴心在 3DPIV 拍摄的图片中所处的位置,对分布的规律影响不大。标准差表示数据集中与分散的程度,即磨料分布规律的主要参数。图 4-12 为喷嘴收敛段长度改变对标准差的影响。

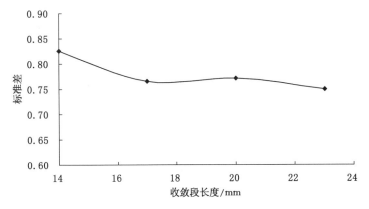

图 4-12　喷嘴收敛段长度对磨料分布标准差的影响

如图 4-12 所示,随着收敛段长度的增加,磨料分布的标准差逐渐减小,说明在一定范围内增加收敛段的长度,能使得磨料分布更为集中。收敛段长度从 14 mm 变为 17 mm 时,变化趋势较为陡峭;收敛段长度从 17 mm 变为 23 mm 时,变化趋势较为缓慢。因此,收敛段长度达到一定值时继续增加其长度对增加磨料分布的密集性作用趋于平缓。

4.3.3　收敛角对磨料分布的影响

为了与前文研究保持一致,使用直线段长度为 5 mm、收敛段长度为 14、改变收敛角为 14°、20°、26°的 3 组喷嘴,在流量为 50 L/min 的条件下测试磨料的分布,选取的特定断面为靶距 10 mm 处。喷嘴的实物图及结构如图 3-19 所示。

根据 4.1 节对 3DPIV 拍摄的图片进行处理,得到磨料在空间分布的坐标,并对所得的数据进行统计分析,所得数据见表 4-5。

表 4-5　不同收敛角下磨料样本 K-S 检验

收敛角/(°)	14	20	26
样本容量/个	118	173	170
样本均值/mm	6.114	5.995	6.045
标准差	0.872	0.978	1.033
绝对值	0.056	0.085	0.050
最大正值	0.056	0.079	0.050
最小负值	−0.044	−0.085	−0.027
K-S 检验的 Z 分位数	0.607	1.112	0.655
渐近显著性(双侧)	0.855	0.169	0.785

　　根据单样本 K-S 检验的基本思想,如果 D 统计量的概率 P 值小于显著性水平 α,则应拒绝零假设,认为样本来自的总体与指定的分布有显著差异;如果 D 统计量的概率 P 值大于显著性水平 α,则不能拒绝零假设,认为样本来自的总体与指定的分布无显著差异。本实验数据分析结果显示,D 统计量的概率 P 远大于0.05,落在接受域中,因此不能拒绝零假设,认为样本来自的总体分布与正态分布无显著差异,从而证明磨料的空间分布为正态分布。

　　正态分布概率密度函数可以用均值和标准差来表示。理论上,射流喷出后呈轴对称分布,则均值应与射流轴心重合,故均值表示射流轴心在 3DPIV 拍摄的图片中所处的位置,对分布的规律影响不大。标准差表示数据集中与分散的程度,该参数为表示磨料分布规律的主要参数。图 4-13 为喷嘴收敛角变化对标准差的影响。

　　如图 4-13 所示,随着收敛角的增加,磨料分布的标准差逐渐增大说明在一定范围内随着收敛角增大时磨料分布更为分散。因此,当收敛角增大时,在收敛段内磨料与喷嘴壁碰撞的角度逐渐增大,导致磨料有较大的横向速度,而使得磨料更为发散。

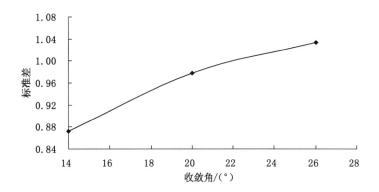

图 4-13　喷嘴收敛角对磨料分布标准差的影响

4.4　本章小结

本章通过 Matlab 编写自动识别程序对 3DPIV 拍摄的图片中的磨料进行自动识别，获得磨料中心的坐标，并通过非参检验求得磨料的分布规律，主要研究结论如下：

（1）利用非参数假设检验研究直线段长度为 5 mm、收敛段长度为 23 mm、收敛角为 14°的喷嘴，在流量为 50 L/min 的条件下磨料的分布规律，靶距为 10 mm 的断面上磨料在空间的分布近似于正态分布，并用 K-S 验证了这一结论的合理性。其对应的概率密度函数为：

$$f(x;\mu,\sigma^2) = \frac{1}{\sqrt{2\pi}\sigma}\mathrm{e}^{-\frac{(x-\mu)^2}{2\sigma^2}}$$

$$= \frac{1}{0.81\sqrt{2\pi}}\mathrm{e}^{-\frac{(x-7.61)^2}{2\times0.81^2}}$$

（2）利用非参数假设检验研究直线段长度为 11 mm、收敛段长度为 23 mm、收敛角为 14°的喷嘴，在流量为 50 L/min 时不同靶距下磨料在空间的分布规律，利用 K-S 检验对其分布进行了验证。研究结果表明，其分布均服从正态分布，且正态分布中与分布密集性密切相关的参数——标准差随着靶距的增加而变大，但该参数的增长速率要小于射流宽度的增长速率，说明磨料的分布宽度的增加要滞后于射流宽度的增加。

（3）在流量一定的条件下，研究了喷嘴结构对磨料在空间分布的影响。结

— 93 —

果表明,在选定断面上磨料的分布均服从正态分布;正态分布中与分布密集性密切相关的参数——标准差,随着喷嘴直线段的增大而减小,随着收敛段长度的增大而减小,随着收敛角的增大而增大。对标准差影响从大到小依次为:收敛角、直线段长度和收敛段长度。

5

基于侵彻机理的磨料速度场验证

磨料射流切割过程中存在着复杂的脉动现象和多种形式的能量耗散与转化,这无疑增加了理论研究磨料射流的难度[74]。现有的切割理论都是在实验的基础上得出的,并以许多假设为前提。由于实验条件和方法、考虑问题的着重点以及对实验结果的分析认识等方面的差异,相关学者得出了不同的结论。因此,本章根据侵彻机理,建立单颗磨料差分形式的侵彻模型,结合获得的磨料速度,求解磨料侵彻体积;进行磨料射流冲蚀实验并测试冲蚀体积,与理论计算得出的侵彻体积进行对比分析,验证前混合磨料射流磨料加速机理。

5.1 单颗磨料侵彻深度分析

空腔膨胀理论[75-80]最早应用在军事上,用于计算非爆破性弹药(枪弹、穿甲弹或未爆炸之前的各种钻地弹)碰撞靶体时的侵入深度,是分析碰撞与侵彻问题的一种十分重要的理论。该理论认为,弹体侵入塑性靶体的部分在靶体介质中以恒定速度扩展出球形或圆柱形空腔,同时形成塑性区、弹性区与未扰动区,且扩展速度沿着靶体介质与弹体接触面的法向,如图 5-1 所示。其理论要点是:根

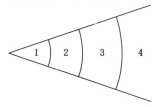

1—空腔;2—塑性区;3—弹性区;4—未扰动区。

图 5-1 塑性材料中的空腔膨胀

据在一维球形或者圆柱形空腔膨胀过程中弹性波的传播与介质压缩的解析结果,获得侵入过程中弹体所受阻力与空腔膨胀速度之间的关系[81],进而结合弹体的运动微分方程来计算弹体撞击靶体时的侵入深度。

磨料射流切割金属材质的过程中,磨料颗粒以极高的速度撞击金属表面的物理过程与弹体侵入靶体的物理过程极其相似,故试用空腔膨胀理论计算单个磨料颗粒对金属材料的侵入深度。磨料的侵入深度主要受侵入阻力的影响。侵入阻力的计算过程如下[17]:

为了与前文研究一致,颗粒侵入过程中的受力分析如图 5-2 所示,其颗粒近似于球形,假设计算到第 i 步时磨料的速度为 v_i。

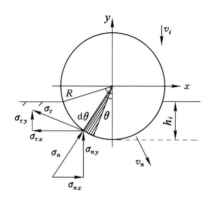

图 5-2 颗粒侵入过程中的受力分析

颗粒侵入过程中单位面积上受到的表面法向力为:

$$dF_n = 2\pi R^2 \cdot \sin\theta \cdot \sigma_n \cdot d\theta \qquad (5\text{-}1)$$

颗粒单位面积上受到的表面切向力为:

$$dF_\tau = 2\pi R^2 \cdot \sin\theta \cdot \sigma_\tau \cdot d\theta \qquad (5\text{-}2)$$

由库伦摩擦定律知:

$$\sigma_\tau = \mu\sigma_n \qquad (5\text{-}3)$$

故式(5-2)变为:

$$dF_\tau = 2\pi R^2 \cdot \sin\theta \cdot \mu\sigma_n \cdot d\theta \qquad (5\text{-}4)$$

因颗粒侵入过程中 x 方向所受的阻力相互抵消,将 dF_n 与 dF_τ 在 y 方向上合成,得:

$$\begin{aligned}dF_y &= 2\pi R^2 \cdot \sin\theta \cdot \sigma_n \cdot d\theta \cdot \cos\theta + 2\pi R^2 \cdot \sin\theta \cdot \mu\sigma_n \cdot d\theta \cdot \sin\theta \\ &= \pi R^2(\sigma_n \cdot \sin 2\theta + 2\mu\sigma_n \cdot \sin^2\theta)d\theta\end{aligned} \qquad (5\text{-}5)$$

由图 5-2 中几何关系可知:

$$\cos \varphi_i = \frac{R - h_i}{R} \tag{5-6}$$

则：

$$\varphi_i = \arccos \frac{R - h_i}{R} \tag{5-7}$$

故计算到第 i 步时侵入总阻力为：

$$F_{yi} = \int_0^\varphi \mathrm{d}F_y = \pi R^2 \int_0^{\varphi_i} (\sigma_n \cdot \sin 2\theta + 2\mu\sigma_n \cdot \sin^2 \theta) \mathrm{d}\theta \tag{5-8}$$

式中　F_{yi}——计算到第 i 步时颗粒侵入过程所受阻力，N；

　　　R——颗粒半径，m；

　　　φ_i——计算到第 i 步时颗粒的侵入角度；

　　　σ_n——颗粒侵入过程中受到的表面法向应力，Pa；

　　　μ——颗粒侵入过程中的摩擦系数；

　　　θ——受力计算点与 y 轴夹角。

由式(5-8)可以看出，阻力 F_{yi} 是表面法向应力 σ_n 与侵入深度 h_i 的函数。

根据文献[82-83]的研究结果，空腔表面法向应力与空腔膨胀速度可用下式表达：

$$\frac{\sigma_n}{\sigma_s} = A + B\rho \frac{v_{ni}^2}{\sigma_s} \tag{5-9}$$

式中　σ_s——被侵入材料的屈服强度，Pa；

　　　A,B——被侵入材料的材料常数，无量纲；

　　　ρ——被侵入材料的密度，kg/m³；

　　　v_{ni}——空腔膨胀速度，即颗粒表面法向速度，m/s。

由图 5-2 看出，球形颗粒侵入过程中，空腔膨胀速度 v_n 与颗粒侵入的速度 v_y 之间存在如下关系：

$$v_{ni} = v_i \cdot \cos \theta \tag{5-10}$$

将式(5-10)代入式(5-9)并做适当的变形，得出表面法向应力的表达式为：

$$\sigma_n = A\sigma_s + B\rho v_i^2 \cos^2 \theta \tag{5-11}$$

常数 A、B 与材料的物理性质有关，对于钢铁、硬铝等不可压缩应变硬化材料，材料常数 A、B 表达式如下[81]：

$$A = \frac{2}{3} \left[1 + \left(\frac{E_2}{E_1} - 1 \right) \ln \frac{3\sigma_s}{2E_1} - \frac{2E_2}{3\sigma_s} \left(\int_1^{1 - \frac{3\sigma_s}{2E_1}} \frac{\ln t}{1 - t} \mathrm{d}t - \int_1^0 \frac{\ln t}{1 - t} \mathrm{d}t \right) \right] \tag{5-12}$$

$$B = \frac{1}{2} \left(\frac{3\sigma_s}{2E_1} \right)^{\frac{4}{3}} + \frac{3}{2} \tag{5-13}$$

式中 E_1——被侵入材料的弹性模量,Pa;

E_2——被侵入材料的塑性模量,Pa。

将式(5-11)代入式(5-8),计算到第 i 步时磨料的侵入阻力为:

$$F_{yi} = \int_0^\varphi dF_y$$
$$= \pi R^2 \int_0^{\varphi_i} \left[(A\sigma_s + B\rho v_i^2 \cos^2\theta) \cdot \sin 2\theta + \right.$$
$$\left. 2\mu(A\sigma_s + B\rho v_i^2 \cos^2\theta) \cdot \sin^2\theta \right] d\theta \tag{5-14}$$

由牛顿第二定律可知,计算到第 $i+1$ 步时磨料的速度为:

$$v_{i+1} = v_i - F_{yi}/m \cdot \Delta t \tag{5-15}$$

计算到第 $i+1$ 步时磨料侵入深度为:

$$h_{i+1} = h_i + v_{i+1} \cdot \Delta t \tag{5-16}$$

由式(5-7)可知,计算到 $i+1$ 步时磨料的侵入角度为:

$$\varphi_{i+1} = \arccos \frac{R - h_{i+1}}{R} \tag{5-17}$$

将式(5-15)至式(5-17)代入式(5-14),即可算出第 $i+1$ 步时磨料所受到的侵入阻力,进而得到下一步磨料的速度、侵入深度及侵入角度。如此反复,即可得出单颗磨料颗粒最终的侵入深度。

5.2　磨料射流冲蚀实验及数据分析

为了对磨料射流冲蚀机理进行验证,进行磨料射流冲蚀实验研究,并将百分表安装在 OMAX 公司生产的具有精确三维移动的水刀上对冲蚀形状进行测试,进一步验证磨料的加速机理及磨料的分布规律。

5.2.1　实验设备及原理

(1) 实验设备

① 磨料射流冲蚀实验主要是在四维水射流测试平台上完成的,如图 5-3 所示。

② 高压水是由 BRW200/31.5 型防爆高压乳化液泵站提供的,流量为 200 L/min,公称压力为 31.5 MPa,水管全部采用耐高压的高压水管,其最大压力可达 35 MPa(高压水管)。

③ 冲蚀形状的测试主要是在 OMAX 公司生产的水刀上进行了,实验过程

图 5-3 四维水射流测试台

及设备如图 5-4 所示。

④ 磨料的质量由数显天平进行测试,天平的型号为:YP-10K-1。

(2) 实验原理及测试步骤

结合第 2 至第 4 章,改变喷嘴参数及工况,进行冲蚀钢板的实验。为了便于对比分析,每次添加磨料的质量是一定的。冲蚀出的形状用百分表进行测试,如图 5-4(b)所示。测试步骤如下:

① 首先通过目测,将百分表的指针移动至冲孔中心。

② 设数控水刀在水平面内移动的两个相互垂直的方向为 X 方向和 Y 方向,高度方向为 Z 方向。首先保持 Y 方向不变,让水刀在 X 方向移动,通过百分表的显示,找到 X 方向的最低点;然后保持 X 方向不变,在 Y 方向移动,同样找到 Y 方向的最低点,该点就是冲孔的最低点。

③ 将最低点设为原点,保持 Y 方向不变,在 X 方向每隔 0.5 mm 测试一次冲蚀的深度。为了减小误差,来回各测试一次。

④ 同样保持 X 方向不变,在 Y 方向每隔 0.5 mm 测试一次冲蚀的深度。为减小误差,来回各测试一次。

⑤ 将 4 次测试的结果取平均值,以表征过射流轴线的断面上的冲孔形状。

(a)

(b)

图 5-4　冲蚀形状测试过程

5.2.2　数据分析

为了与前文研究保持一致,使用直线段长度为 11 mm、收敛段长度为 23 mm、收敛角为 14°的喷嘴,在流量为 50 L/min、靶距为 6 mm 的条件下进行磨料射流冲蚀实验。喷嘴实物图及结构如图 3-8 所示。

冲蚀实验所使用的磨料为陶粒,其参数见表 5-1。为了便于对比分析,实验所加的磨料质量为 3 kg。

表 5-1 磨料的相关参数

名称	参数
磨料类型	陶粒
磨料目数	20～40 目
磨料视密度	2.7 g/cm³

采用 5.2.1 节所述的测试方法对冲蚀出的孔进行测试,所得数据如图 5-5 所示。

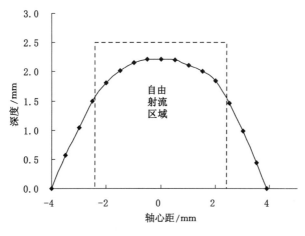

图 5-5 冲孔形状示意图

在图 5-5 中,横坐标代表距孔中心的距离,纵坐标代表该处的深度。由图 5-5 可以看出,轴心距在[−2,2]所在的区域,孔深变化不大;而超出该区域之后,孔深急剧减小。由第 3 章 3DPIV 拍摄的图片分析可知,使用直线段长度为 11 mm、收敛段长度为 23 mm、收敛角为 14°的喷嘴,在流量为 50 L/min 下的自由射流,在靶距为 6 mm 处,射流的宽度为 386 个像素,即 4.8 mm。图 5-5 为自由射流区域的宽度;图 5-6 为冲蚀孔的实物图。

由图 5-6 可以看出,虚线以内的区域深度变化缓慢,呈抛物线分布;虚线以外的区域深度变化急剧,且深度与轴心距呈线性关系。经游标卡尺测量,图 5-6 中分界线的直径约为 4.82 mm,与自由射流宽度接近。

综上所述,在图 5-6 的分界线以内,主要是磨料直接进行冲蚀打击,该区域内冲蚀深度与磨料的速度分布和磨料的分布规律密切相关。当靶距为 6 mm

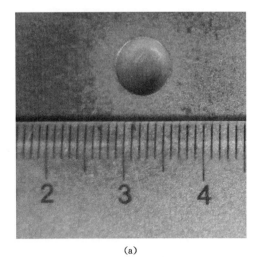

(a)

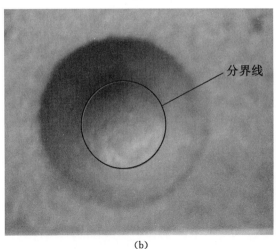

分界线

(b)

图 5-6 冲蚀孔实物图

时,依然处于射流的初始段,射流速度随轴心距的变化衰减较慢,故虚线区域内
的深度随轴心距变化较慢。在虚线以外的区域,主要以冲蚀后返回的磨料磨蚀
为主,以少量脱离射流的磨料打击为辅。冲蚀后返回的磨料从距轴心距较近的
位置开始磨蚀,磨蚀能力随着轴心距的增大而急剧减小;脱离射流的磨料随着轴
心距的增加,其分布的数量及速度均急剧下降,故在虚线以外的区域,孔深随着
轴心距的增大而呈线性的急剧下降。

5.3　冲蚀体积影响因素分析及磨料速度验证

5.3.1　冲蚀体积随喷嘴收敛段长度的变化规律

为了与前文研究保持一致,使用直线段长度为 11 mm、收敛角为 14°、改变收敛段长度为 14 mm、17 mm、20 mm、23 mm 的 4 组喷嘴,在流量为 50 L/min、靶距 6 mm 的条件下进行磨料射流冲蚀实验。喷嘴实物图及结构如图 3-16 所示。

在上述实验条件下,我们进行了磨料水射流冲蚀实验研究。图 5-7 为收敛段长度不同的喷嘴冲蚀后钢板的实物图。

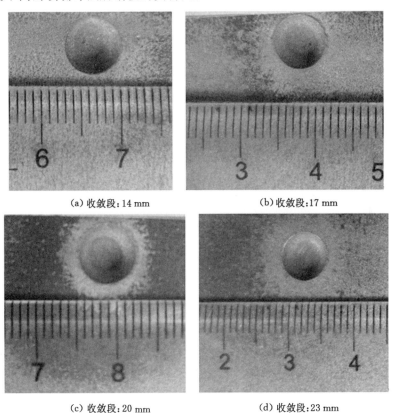

(a) 收敛段:14 mm　　　　　　　(b) 收敛段:17 mm

(c) 收敛段:20 mm　　　　　　　(d) 收敛段:23 mm

图 5-7　收敛段长度不同的喷嘴冲蚀后钢板的实物图

采用 5.2.1 节所描述的测试方法对冲蚀的钢板进行测试,并结合差分原理,计算冲蚀体积,如图 5-8 所示。

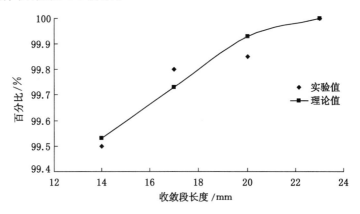

图 5-8　冲蚀体积随喷嘴收敛段长度的变化关系

为便于和单颗磨料侵彻体积进行对比,图 5-8 中参数均采用相对值,均以收敛段长度为 23 mm 时的冲蚀体积作为基础值进行对比。其中,实验值是指实验中真实的冲蚀体积;理论值是以第 3 章所得的磨料平均速度为基础,将其代入5.1 节所述的迭代算法中,所得到的单颗磨料的侵彻体积。由图 5-8 中实验值可知,在流量一定的条件下,当收敛段长度改变时,单位质量磨料所冲蚀出的体积变化不大。虽然实验值和理论值有相同的趋势,但由于变化幅度较小,且实验存在误差,导致实验值和理论值存在着一定的差异。研究结果表明,在流量相同时,收敛段长度的改变对磨料的加速影响不太明显,进一步证明了第 2、3 章所得的结论。

5.3.2　冲蚀体积随喷嘴直线段长度的变化规律

为了与前文研究保持一致,使用收敛段长度为 23 mm、收敛角为 14°、改变直线段长度为 5 mm、7 mm、9 mm、11 mm 的 4 组喷嘴,在流量为 50 L/min、靶距6 mm 的条件下进行磨料射流冲蚀实验。喷嘴实物图及结构如图 3-13 所示。

在上述实验条件下,我们进行了磨料水射流冲蚀实验研究。图 5-9 为直线段长度不同的喷嘴冲蚀后钢板的实物图。

采用 5.2.1 节所描述的测试方法对冲蚀的钢板进行测试,并结合差分原理,计算冲蚀体积,所得数据如图 5-10 所示。

为了便于和单颗磨料侵彻体积进行对比,图 5-10 中的参数均采用相对值,

(a) 直线段 5 mm

(b) 直线段 7 mm

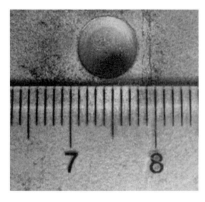

(c) 直线段 9 mm

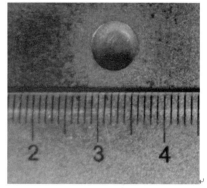

(d) 直线段 11 mm

图 5-9　直线段长度不同的喷嘴冲蚀后钢板的实物图

均以直线段长度为 11 mm 时的冲蚀体积作为基础值进行对比。图中实验值是指实验中真实的冲蚀体积。理论值是以第 3 章所得的磨料平均速度为基础,将其代入 5.1 节所述的迭代算法中,所得的单颗磨料的侵彻体积。由图 5-10 中的实验值可知,在流量一定的条件下,直线段长度改变时,单位质量磨料所冲蚀出的体积存在较大的差异。研究结果表明,在流量相同的条件下,直线段长度的改变对磨料的加速存在显著的影响,进一步证明第 2、3 章所得的结论。实验值和理论值具有相同的趋势,说明单颗磨料的侵彻深度分析和实验结果较为吻合。

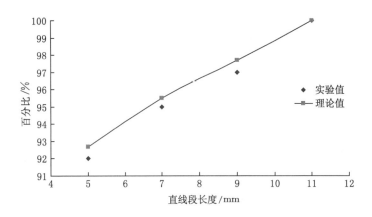

图 5-10　冲蚀体积随直线段长度的变化关系

5.3.3　冲蚀体积随喷嘴收敛角的变化规律

　　为了与前文研究保持一致,使用直线段长度为 5 mm、收敛段长度为 14、改变收敛角为 14°、20°、26° 的 3 组喷嘴,在流量为 50 L/min、靶距 6 mm 的条件下进行磨料射流冲蚀实验。喷嘴实物图及结构如图 3-19 所示。

　　在上述实验条件下,我们进行了磨料水射流冲蚀实验研究。图 5-11 为收敛角不同的喷嘴冲蚀后钢板的实物图。

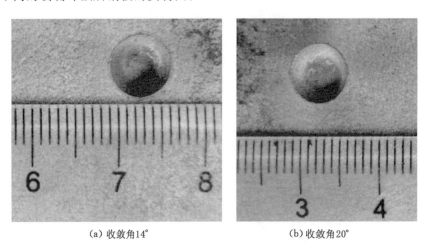

(a) 收敛角14°　　　　　　　　　　　(b) 收敛角20°

图 5-11　收敛角不同的喷嘴冲蚀后钢板的实物图

(c) 收敛角26°

图 5-11(续)

　　采用 5.2.1 节所描述的测试方法对冲蚀的钢板进行测试,并结合差分原理,计算冲蚀体积,所得数据如图 5-12 所示。

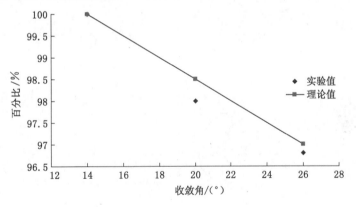

图 5-12　冲蚀体积随收敛角的变化关系

　　为了与单颗磨料侵彻体积进行对比,图 5-12 中的参数均采用相对值,均以收敛角为 14°时所冲蚀的体积作为基础值进行对比。其中,实验值是指实验中真实的冲蚀体积。理论值是以第 3 章所得的磨料平均速度为基础,将其代入 5.1 节所述的迭代算法中,得到单颗磨料的侵彻体积。由图 5-12 中的实验值可知,在流量一定的条件下,减小收敛角可以增加单位质量磨料所冲蚀出的体积。

研究结果表明,当流量相同时,减小收敛角可以明显地增加磨料的速度,进一步证明第2、3章所得的结论。实验值和理论值具有相同的趋势,说明单颗磨料的侵彻深度分析和实验结果较为吻合。

5.3.4 冲蚀形状随靶距的变化关系

为了与前文研究保持一致,使用直线段长度为 11 mm、收敛段长度为 23 mm、收敛角为 14°的喷嘴,在流量为 50 L/min,改变靶距 6 mm、15 mm、30 mm、75 mm、150 mm 的条件下进行磨料射流冲蚀实验。冲蚀实物图及结构示意图如图 5-13 所示。

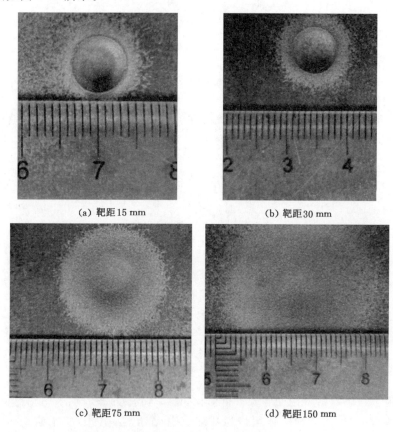

(a) 靶距15 mm   (b) 靶距30 mm

(c) 靶距75 mm   (d) 靶距150 mm

图 5-13 不同靶距下冲蚀后钢板的实物图

采用 5.2.1 节所述的测试方法对冲蚀出的孔进行测试,所得数据如图 5-14 所示。

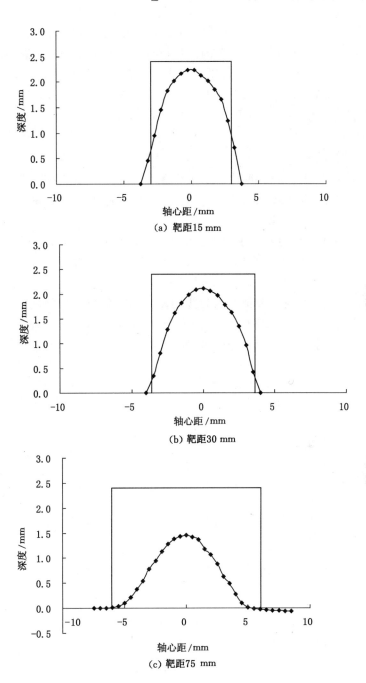

(a) 靶距15 mm

(b) 靶距30 mm

(c) 靶距75 mm

图 5-14 不同靶距下冲孔形状曲线

由图 5-14 可知,在靶距为 30 mm 以内,冲孔形状极为相似。在距轴心较远的区域,冲蚀深度随着轴心距的增加呈线性的较小,且斜率是一致的。研究表明在靶距 30 mm 内,冲蚀机理是一致的。在距轴心较近的区域,以磨料直接冲蚀为主,在距轴心距较远的区域,主要以冲蚀后返回的磨料磨蚀为主,少量脱离射流的磨料打击为辅。由图 5-14 可知,随着靶距的增加,射流的宽度及冲蚀区域均在增加,但冲蚀区域增加明显慢于射流宽度的增加。其原因有以下两个方面:

① 随着靶距的增加,冲蚀深度在不断降低,而冲蚀区域在不断扩大,导致冲蚀孔内的坡度不断减小,而磨料冲蚀钢板后反弹的角度是一定的,故降低了磨料反弹后磨蚀钢板的概率;

② 磨料射流的打击力主要由磨料提供,而磨料的运动轨迹受水的推动,但滞后于水相。因此,随着靶距的增加,射流宽度在不断增加的同时,磨料的宽度也在增加,但其增加的速率始终滞后于水相。

冲蚀深度及冲蚀体积能较为直观的反应磨料射流的冲蚀能力。图 5-15 为冲蚀深度与靶距的变化关系。根据测试所得的冲孔形状,结合差分原理,计算出磨料射流在不同靶距下的冲蚀体积,如图 5-16 所示。

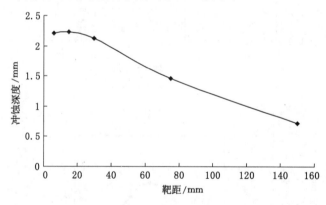

图 5-15   冲蚀深度与靶距的变化关系

由图 5-15 可知,靶距从 6 mm 增加到 15 mm 时,冲蚀深度有小幅度的增加,在靶距大于 15 mm 时,随着靶距的增加,冲蚀深度急剧降低。研究表明,在靶距小于 15 mm 时,磨料依然处于加速状态。

由图 5-16 可知,随着靶距的增加,冲蚀体积在不断降低。

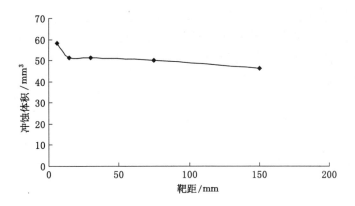

图 5-16 冲蚀体积与靶距的变化关系

结合图 5-15 和图 5-16 可知,当靶距小于 15 mm 时,虽然冲蚀深度有所增加,但冲蚀体积明显下降,说明只有射流等速核的磨料得到加速,处于等速核外的水相速度才有所衰减,从而导致该区域内的磨料速度也有所衰减。当靶距为 15 mm 时,冲蚀体积下降缓慢,由于磨料射流的打击力主要是磨料提供的,说明随着靶距的增加,磨料的速度下降较为缓慢。同时,随着靶距的增加,射流的宽度不断增加,导致磨料群的宽度也不断增加,单位空间内的磨料浓度有所下降,从而导致冲蚀深度急剧下降。

5.4 本章小结

本章在侵彻机理的基础上,建立了磨料侵彻过程的差分模型,并且给出了求解的迭代算法,最后通过磨料射流冲蚀实验进行了验证。本章主要结论如下:

(1)通过测试在不同靶距下磨料射流的冲蚀体积可知,在靶距小于 15 mm 时,随着靶距的增加,冲蚀体积有小幅度的增长。研究结果表明,在靶距小于 15 mm时,磨料依然处于加速状态;在喷嘴出口处,磨料与水相依然存在较大的速度差。

(2)通过分析直线段长度为 11 mm、收敛段长度为 23 mm、收敛角为 14°的喷嘴所冲蚀出的形状可知,冲蚀孔的底部存在冲蚀深度随轴心距变化不大的区域。该区域的直径与相同工况下的自由射流的直径接近,当喷嘴参数改变时,在该区域以外所形成的形状极为相似。研究结果表明,在该区域以内,主要以磨料

— 111 —

的直接冲蚀为主;在该区域以外,主要以返回的磨料磨蚀为主。

(3) 将第 2、3 章所得喷嘴出口处磨料的平均速度代入差分模型并进行计算,表明理论的冲蚀体积与不同参数的喷嘴冲蚀出的实际体积具有一致的变化趋势,验证了该差分模型的合理性。

6

结 束 语

　　磨料在喷嘴内加速是一个复杂的过程,诸多因素有密切的相关。本书通过理论研究,采用 3DPIV 技术结合自主编程设计的磨料中心识别程序,研究了磨料的加速机理及其在射流中的分布规律,得出的主要研究结论如下:

　　(1) 建立了磨料在高压管道及喷嘴内的运动方程和差分模型,结合迭代算法通过 Matlab 编程得到该模型的数值解。结果表明:磨料在高压管道内受到阻力、视质量力、巴西特力的影响,其中仅阻力与加速度方向一致且在加速过程中占主要地位;磨料在喷嘴的直线段内受力情况与在高压管道内相似,在收敛段内主要受到压强梯度力、视质量力、阻力、巴西特力,作用方向均与磨料加速方向一致,且力的大小依次减小。

　　(2) 基于建立的磨料加速模型,在流量一定的条件下研究了喷嘴结构对磨料加速的影响。研究结果表明:当收敛段为 23 mm、直线段从 5 mm 变为 11 mm 时,喷嘴出口处磨料与水相的速度比从 0.77°变为 0.801°,说明在一定范围内增加直线段的长度有助于提高磨料在喷嘴出口的速度;当直线段为 11 mm、收敛段从 14 mm 变为 23 mm 时,喷嘴出口处磨料与水相的速度比从 0.8°变为 0.801°,说明在一定范围内增加收敛段的长度对于磨料加速无明显的影响;当收敛角较小时,磨料与水相的速度差较小,收敛角较大时磨料在收敛段前半段加速较小,在收敛段后半段较大,磨料与水相的速度存在较大的差异,加速效果不够理想。

　　(3) 采用 3DPIV 技术结合自主编程设计的磨料中心识别程序,得出了前混合磨料射流磨料的速度场及喷嘴结构参数等对磨料速度的影响规律。研究结果表明:在流量一定的条件下,当收敛段为 23 mm、直线段长度从 5 mm 变为11 mm 时,喷嘴出口处磨料速度的平均值从 90.700 m/s 变为 94.700 m/s;当直线段为 11 mm、收敛段从 14 mm 变为 23 mm 时,喷嘴出口处磨料速度的均值从 90.700 m/s变为 94.700 m/s;当喷嘴收敛角从 14°变为 26°时,喷嘴出口处磨料速度的平均值从 90.700 m/s 变为 94.700 m/s。通过参数假设检验表明,其落在接受域中,说明理论计算和实验结果满足一致性,验证了磨料加速机理的差分模型及迭代算法的合理性。

(4)采用非参数假设检验法得出了前混合磨料射流中磨料的分布规律以及喷嘴结构参数等对磨料分布的影响规律。借助 Matlab 编写自动识别程序对 3DPIV 拍摄的图片中的磨料进行自动识别,获得了磨料中心的坐标;利用非参数假设检验法,通过 P-P 图及 K-S 检验得出了磨料在与射流轴心线垂直的断面上服从正态分布,并给出了对应的概率密度函数。

喷嘴结构参数等对磨料分布的影响规律为:正态分布函数的标准差随着喷嘴直线段的增大而减小,随着收敛段长度的增大而减小,随着收敛角的增大而增大。对标准差影响从大到小依次为:收敛角、直线段长度、收敛段长度。

(5)在侵彻机理的基础上,建立了磨料侵彻过程的差分模型,并且给出了求解的迭代算法。将所得磨料速度代入差分模型并进行计算,表明理论的冲蚀体积与不同参数的喷嘴冲蚀出的实际体积具有一致的变化趋势,进一步验证了加速机理的合理性。

参 考 文 献

[1] 向文英,卢义玉,李晓红,等.淹没磨料射流效应实验研究[J].中南大学学报（自然科学版）,2009,40(6):1499-1504.

[2] 向文英,李晓红,卢义玉,等.淹没磨料射流的岩石冲蚀实验研究[J].中国矿业大学学报,2009,38(2):240-243.

[3] 向文英,李晓红,卢义玉,等.磨料射流破碎岩石的性能研究[J].地下空间,2006,2(1):170-174.

[4] 左伟芹,卢义玉,赵建新,等.实验研究喷嘴磨损规律的新方法[J].四川大学学报（工程科学版）,2012,44(1):196-201.

[5] ASHISH M. The application of abrasive jets to concrete technology[M]. Cranfield,England:Journal of Basic Science and Engineering,1982.

[6] 曹仲文,袁惠新.旋流器中分散相颗粒动力学分析[J].食品与机械,2006,22(5):74-76.

[7] 曹仲文,袁惠新.旋流场中分散相颗粒径向受力及径向速度方程[J].江南大学学报（自然科学版）,2004,3(5):498-501.

[8] 董星.前混合式磨料水射流磨料颗粒运动的理论分析[J].黑龙江科技学院学报,2001,11(3):4-6.

[9] 李宝玉,郭楚文.用于煤矿安全切割的前混合磨料射流加速机理研究[J].中国安全科学学报,2005,15(4):52-55.

[10] 王明波,王瑞和,陈炜卿.单个磨料颗粒冲击岩石过程的数值模拟研究[J].石油钻探技术,2009,37(5):34-38.

[11] 向文英,李晓红,卢义玉,等.磨料射流破碎岩石的性能研究[J].地下空间与工程学报,2006,2(1):170-174.

[12] 李宝玉,郭楚文,林柏泉.用于安全切割的磨料水射流喷嘴设计理论和方法[J].煤炭学报,2005,30(2):251-254.

[13] 陆国胜,龚烈航,王强,等.前混合磨料水射流磨料颗粒加速机理分析[J].解放军理工大学学报(自然科学版),2006,7(3):275-280.

[14] 杨国来,李强,陈俊远,等.磨料喷嘴内磨料颗粒加速机理分析[J].机床与液压,2011,19(29):54-58.

[15] 铁占绪.磨料射流中磨料例子的加速机理和运动规律[J].焦作矿业学院学报,1995,4(14):39-54.

[16] 王明波.磨料水射流结构特性与破岩机理研究[D].东营:中国石油大学,2006.

[17] 李罗鹏.磨料射流切割水下套管技术研究[D].东营:中国石油大学,2010.

[18] 姜文忠.低渗透煤层高压旋转水射流割缝增透技术及应用研究[D].徐州:中国矿业大学,2009.

[19] 袁丹青.多喷嘴射流泵流场的数值模拟及试验研究[D].镇江:江苏大学,2009.

[20] 张凤莲.磨料水射流切割工程陶瓷机理及关键技术的研究[D].大连:大连交通大学,2009.

[21] 胡鹤鸣.旋转水射流喷嘴内部流动及冲击压强特性研究[D].北京:清华大学,2008.

[22] 周力行.燃烧理论和化学流体力学[M].北京:科学普及出版社,1986:88-254.

[23] 岑可法,樊建人.工程气固多相流动的理论与计算[M].杭州:浙江大学出版社,1990:87-610.

[24] SOO S L. Fluid dynamics of multiphase systems[M]. Waltham:Blaisdell Publishing Company,1967:45-88.

[25] DREW D A. SEGEL L A. Averaged equations for two-phase flows[J]. Studies in Applied Mathematics,1971,50(3):205-231.

[26] SOO S L. Multiphase fluid dynamics[D]. Urbana-Cham paign:University of Illinois,1983.

[27] 周力行.有相变的颗粒群多相流体力学[J].力学进展,1982,12(2):141-150.

[28] 周力行.欧拉坐标系中有相变的颗粒群多相流的多连续介质模型[C].北京:第二届全国多相流体力学、非牛顿流体力学和物理化学流体力学学术会议,1982.

[29] CROWE C T,SHARMA M P,STOCK D E. The Particle-source-in-cell (PSI-CELL) model for gas-droplet flows[J]. Journal of Fluids Engineering,1977,99(2):325-332.

[30] SMOOT L D,PRATT D T. Pulverized coal combustion and gasification [M]. New York:Plenum Press,1979.

[31] 宋鼎,彭黎辉,陆耿,等.采用去模糊图像处理的气/固两相流固体颗粒速度测量方法[J].仪器仪表学报,2007,28(11):1937-1941.

[32] 吴学成,王怀,胡倩.基于轨迹图像的煤粉颗粒速度和粒径测量[J].浙江大学学报(工学版),2011,45(8):1458-1462.

[33] 张晶晶,范学良,蔡小舒.单帧单曝光图像法测量气固两相流速度场[J].工程热物理学报,2012,33(1):79-82.

[34] 周洁,袁镇福,岑可法,等.光信号互相关测量两相流中颗粒流动速度的研

究[J]. 中国电机工程学报,2003(1):186-189.

[35] 张伟,吴志军. 基于灰度统计的粒子图像速度粒度实时测量新技术[J]. 应用激光,2005,25(2):121-124.

[36] 吴学成,浦兴国,浦世亮,等. 激光数字全息应用于两相流颗粒粒径测量[J]. 化工学报,2009,60(2):310-316.

[37] 浦世亮,DENIS L,王勤辉,等. 激光数码全息测量技术在循环流化床中的应用[J]. 中国电机工程学报,2005,25(15):111-115.

[38] Pu S L,ALLANO D,PATTE-ROULAND,et al. Particle field characterization by digital in-line holography:3D location and sizing[J]. Experiments in Fluids,2005,39(1):1-9.

[39] PAN G. Digital holographic imaging for 3D particle and flow measurement[D]. Buffalo:State University of New York at Buffalo,2003.

[40] SWANSON R K,KILMAN M,CERWINS,et al. Study of particle velocities in water driven abrasive jet cutting[C]. Berkeley:The 4th American Water Jet Conference,1987:103-108.

[41] MILLER A L,ARCHIBALD J H. Measurement of particle velocities in an abrasive jet cutting system[C]. Houston:The 6th American Water Jet Conference,1991:291-304.

[42] HIMMELRIECH U. Fluid dynamistic untersuchungen an wasserabrasivstrahlen[D]. Hannover:University of Hannover,1992.

[43] CHEN W L,GESKIN E S. Measurements of the velocity of abrasive water jet by the use of laser transit anemometer[C]. London:Elsevier Science Publications,1991:23-36.

[44] CHEN W L,GESKIN E S. Correlation between particle velocity and conditions of abrasive water jet formation[C]. Houston:The 6th American

Water Jet Conference,1991:305-313.

[45] NEUSEN K F,GORES T J,IABUS T J. Measurement of particle and drop velocities in a mixed abrasive waterjet using a forward-scatter LDV system jet cutting technology[R]. Dordrecht:Kluwer Academic Publishing,1992:63-74.

[46] 王瑞和. 旋转水射流破岩钻孔技术研究[D]. 北京:石油大学(北京),1995.

[47] DURST F. Fluid mechanics developments and advancements in the 20th century[C]. Lisbon:The 10th International Symposium on Applications of Laser Techniques to Fluid Mechanics,2000:25-37.

[48] STEVENSON A N,HUTCHINGS I M. Scaling laws for particle velocity in the gas-blast erosion test[J]. Wear,1995,181/182/183:56-62.

[49] LIU H T,MILES P J,COOKSEY N, et al. Measurements of water-droplet and abrasive speeds in a ultrahigh-pressure abrasive-water jets [C]. Houston:The 10th American Water jet Conference,1999:14.

[50] MOMBER A W,KOVACEVIC R. Energy dissipative processes in high speed water-solid particle erosion[C]. New York:Annual Meeting of American Society of Mechanical Engineers,1995:243-256.

[51] 孔珑. 两相流体力学[M]. 北京:高等教育出版社,2004.

[52] 郭烈锦. 两相与多相流动力学[M]. 西安:西安交通大学出版社,2002.

[53] 岳湘安. 液-固两相流基础[M]. 北京:石油工业出版社,1996.

[54] 道格拉斯,等. 流体力学[M]. 汤全明,译. 北京:高等教育出版社,1992.

[55] 倪晋仁,等. 固液两相流基本理论及其最新应用[M]. 北京:科学出版社,1991.

[56] WALLIS G A. 两相流体动力学[M]. 张远君,王慧玉,张振鹏,编译. 北京:北京航空学院出版社,1987.

［57］毛新伟,陆铭锋,高琦,等.三次样条插值方法在太湖水质评价中的应用 ［J］.水资源保护,2011,27(4):58-61.

［58］史锐,张红,胡文友,等.基于三次样条插值法的土壤中有机氯污染研究 ［J］.土壤学报,2011,48(1):83-90.

［59］SCHINDLER D W. Recent advances in the understanding and manage-ment of eutrophication[J]. Limnology and Oceanography,2006,51(1 Part 2):356-363.

［60］袁旭音,许乃政,陶于祥,等.太湖底泥的空间分布和富营养化特征[J].资源调查与环境,2003,24(1):20-28.

［61］黎颖治,夏北成.湖泊沉积物内部因素对沉积物-水界面磷交换的影响[J].土壤通报,2006,37(5):1017-1021.

［62］李玉冰,郝永杰,刘恩海.多边形重心的计算方法[J].计算机应用,2005,25(增1):391-393.

［63］常胜利.多边形重心坐标的求法[J].高等数学研究,2005,8(2):21-23.

［64］左加.任意多边形匀面重心的计算方法[J].数学通报,2002(10):41-42.

［65］丁峰平,周立丰,李孝朋.血管管道的三维重建[J].工程数学学报,2002,19(增1):47-53.

［66］段盛,马文杰.血管三维重建问题[J].郴州师范高等专科学校学报,2002,23(2):62-68.

［67］饶从军,钟绍军,库在强,等.血管的三维重建问题[J].延边大学学报(自然科学版),2003,29(3):170-173.

［68］汪国昭,陈凌钧.血管三维重建的问题[J].工程数学学报,2002,19(增1):54-58.

［69］杨春雨,孙王杰,张翔,等.对血管的三维重建问题的研究[J].吉林化工学院学报,2001,18(4):78-80.

[70] 朱连超,殷敬华,温松明,等.高分子科学实验中异常数据的判别与剔除[J].高分子材料科学与工程,2007,23(2):5-8.

[71] 刘强,陈亚秋.一种间歇过程异常数据剔除的主元分析方法[J].计算机工程与应用,2003,39(29):222-224.

[72] 林洪桦.剔除异常数据的稳健性处理方法[J].中国计量学院学报,2004,15(1):20-24.

[73] 赖素建,靳晓雄,彭为,等.信号预处理中错点剔除方法的研究[J].佳木斯大学学报(自然科学版),2011,29(3):333-336.

[74] 杨永印.磨料浆体旋转射流结构特性及应用研究[D].北京:中国石油大学(北京),2003.

[75] ZHOU H,WEN H M. Dynamic cylindrical cavity expansion model and its application to penetration problems[J]. Chinese Journal of High Pressure Physics,2006,20(1):67-78.

[76] NING J G,SONG W D,WANG J. A study of the perforation of stiffened plates by rigid projectiles[J]. Acta Mechanica Sinica, 2005, 21 (6): 582-591.

[77] BØRVIK T,HOPPERSTAD O S,BERSTAD T, et al. Numerical simulation of plugging failure in ballistic penetration[J]. International Joumal Of Solids and Structure,2001,38(34/35):6241-6264.

[78] QIAN L X,YANG Y B,LIU. A semi-analytical model for truncated-ogive-nose projectiles penetration into semi-infinite concrete targets[J]. International Journal of Impact Engineering,2000,24(9):947-955.

[79] WIERZBICKI T. Petalling of plates under explosive and impact loading [J]. International Journal of Impact Engineering, 1999, 22 (9/10): 935-954.

[80] FORRESTAL M J, FREW D J, HANCHAK S J, et al. Penetration of grout and concrete targets with ogive-nose steel projectiles[J]. International Journal of Impact Engineering,1996,18(5):465-476.

[81] 许志明.高速钻地弹水泥靶侵彻过程的实验研究与计算机仿真[D].合肥：中国科技大学,2004.

[82] 尹放林,王明洋,钱七虎.弹体垂直侵彻深度工程计算模型[J].爆炸与冲击,1997,17(4):46-52.

[83] LUK V K. FORRESTAL M J. Penetration into semi-infinite reinforced-concrete targets with spherical and ogival nose projectiles[J]. International Journal of Impact Engineering,1987,6(4):291-301.